迎难而上做了不起的自己

编著　刘长江

黑龙江美术出版社

图书在版编目(CIP)数据

迎难而上做了不起的自己／刘长江编著. — 哈尔滨：
黑龙江美术出版社，2016.3
（影响孩子一生的心灵鸡汤）
ISBN 978 – 7 – 5318 – 7751 – 6

Ⅰ．①迎… Ⅱ．①刘… Ⅲ．①成功心理 – 青少年读物
Ⅳ．①B848.4 – 49

中国版本图书馆 CIP 数据核字（2016）第 048696 号

书　　名／迎难而上做了不起的自己
　　　　　 yingnanershang zuo liaobuqi de ziji
编　　著／刘长江
责任编辑／吕希萌
出版发行／黑龙江美术出版社
地　　址／哈尔滨市道里区安定街 225 号
邮政编码／150016
发行电话／(0451)84270524
网　　址／www.hljmscbs.com
经　　销／全国新华书店
印　　刷／北京龙跃印务有限公司
开　　本／880mm×1168mm　　1/32
印　　张／5
版　　次／2016 年 3 月第 1 版
印　　次／2017 年 4 月第 2 次印刷
书　　号／ISBN 978 – 7 – 5318 – 7751 – 6
定　　价／19.80 元

前　言

　　心灵就像是一间房屋，只有勤于打扫，才能拂去笼罩其中的灰尘，才能清理干净其中的杂物。生命需要鼓舞与希望，心灵需要温暖与滋养。点亮温暖的心灯，打开紧闭的心灵，让光明充满你的整个心房，让幸福从此与你相伴。"影响孩子一生的心灵鸡汤书系"与你共同欣赏温暖千万心灵的情感美文，品尝改变千万人生的心灵鸡汤。

　　"影响孩子一生的心灵鸡汤书系"全套共分8册，让你尽情品尝不同的美味。

　　《做最好的自己》教你如何成就卓越人生，做最好的自己，成为所有人眼中最优秀的人。

　　《尊重是彩虹顶端的光芒》教你如何尊重别人，从而赢得别人的尊重。

　　《友谊中的满满幸福》教你如何获得真挚的友情，让孩子们在阅读的同时领会到正确的交友方法，并使孩子们懂得珍惜来之不易的纯洁友谊。

　　《善良的种子会开花》教你如何做一个善良的人，让世界多一些温馨。善良是生命之源，唯有善用优良品质的人，才能通达理想之门。

　　《感恩：让温情常驻》教你如何感恩身边的一切。通过一则则感恩故事，让孩子更好地理解感恩，更好地感恩父

母，感恩老师，感恩身边的人。

《生活是为了笑起来》教你如何快乐地生活，乐观地面对一切。快乐其实很简单，只需我们时刻保持一个积极乐观的心态，那么快乐就在我们身边。

《爸爸妈妈不容易》教你如何感恩父母。我们要体谅爸爸妈妈为我们付出的辛苦，从心里学会对爸爸妈妈感恩，用孝顺的行为回报爸爸妈妈曾经对我们的付出。

《迎难而上：做了不起的自己》教你如何面对生活中的挫折。在困难面前，我们不应该退缩，而应该迎难而上。只有迎难而上，才能看到光明的未来。

"影响孩子一生的心灵鸡汤书系"是一套适合少年儿童阅读的经典故事丛书。每一个故事都是经典，每一本书都值得珍藏。故事中所体现的优秀和高贵的品质能够浸润到孩子们的精神里，一直伴随他们成长，影响他们的一生，让他们的人格变得健全，内心变得坚强，心性变得随和；让他们懂得爱与尊重，在将来面对人生的各种境遇时，都能勇敢面对。

这里有体会幸福的生活感悟，有涤荡心灵的历练，有战胜挫折的勇气，有闪烁光辉的美德，有发人深思的人生智慧，有温馨感人的爱情，有荡气回肠的亲情……每篇故事都在向人们讲述一份美好的情感、一种人生的意义，使你获得心灵的洗礼。这些温情的故事，一定能感动你我纯净的心灵！因为这里，是一个纯真的世界；因为这里，是梦想起飞的地方。

本丛书语言优美，故事精彩，知识广博，也有利于提高孩子的阅读和写作水平。

目录

1

3

第五辑　在挫折中收获成功

目录

5

追逐人生的梦想　　第一辑

　　梦想是远方的硕果，只有不断的追逐才能够收获。人生是一条海洋上航行的船，只有优秀的船长才能乘风破浪。

只有自己才是自己的上帝

有一天，上帝来到人间，遇到一个智者正在钻研人生的问题。上帝敲了敲门，走到智者面前说："我也为人生感到困惑，我们能一起探讨探讨吗？"

智者毕竟是智者，他虽然没有猜到面前这个老者就是上帝，但也能猜到此人绝不是一般的人物。他正要问上帝您是谁，上帝说："我们只是探讨一些问题，完了我就走了，没有必要说一些其他的问题。"

智者说："我越是研究就越是觉得人类是一个奇怪的动物，他们有时候非常善用理智，有时候却非常的不明智。"

上帝感慨地说："这个我也有同感。他们厌倦童年的美好时光，急着成熟，但长大了又渴望返老还童；他们健康的时候，不知道珍惜健康，往往牺牲健康来换取财富，然后又牺牲财富来换取健康；他们对未来充满焦虑，但却往往忽略现在，结果既没有生活在现在，又没有生活在未来；他们活着的时候好像永远不会死去，但死去以后又好像从没活过，还说人生如梦……"

智者对上帝的论述感到非常的精辟，他说："研究人生的问题很是耗费时间的，您怎么利用时间呢？"

"是吗？我的时间是永恒的。对了，我觉得人一旦对时间有了真正透彻的理解，也就真正弄懂了人生了。因为时间包含着机遇，包含着规律，包含着人间的一切，比如新生的生命、没落的尘埃、经验和智慧等等人生至关重要的东西。"智者静静地听上帝说着，然后，他要求上帝对人生提出自己的忠告。

上帝从衣袖中拿出一本厚厚的书，上面却只有这么几行字：人啊！你应该知道，你不可能取悦于所有的人；最重要的不是去拥有什么东西，而是去做什么样的人和拥有什么样的朋友；富有并不在于拥有最多，而在于贪欲最少；在所爱的人身上造成深度创伤只要几秒钟，但是治疗它却需要很长很长的时光；有人会深深的爱着你，但却不知道如何表达；金钱唯一不能买到的，却是最宝贵的，那便是——幸福；宽恕别人和得到别人的宽恕还是不够的，你也应当宽恕自己；你所爱的，往往是一朵玫瑰，并不是非要把它的刺根除掉，你能做的最好的，就是不要被它的刺刺伤，自己也不要伤害到心爱的人；尤其重要的是：很多事情错过了就没有了，错过了就会改变的。

智者看完了这些文字，激动地说："只有上帝，才能……"抬头一看，上帝已经走得无影无踪了，只是周围还飘着一句话："对每个生命来说，最最重要的便是：只有自己才是自己的上帝。"

心灵感悟

我们要掌握自己的命运，用自己的努力和双手建造幸福人生。

迎难而上做了不起的自己

生活没有后退键

在 1970 年，美越战争中期，空军征兵。一个战士应召入伍，报名想要学习修理电子零件，空军部让他进军事电子学校学习了一年。毕业后，那里的多数学生都被派到了海外战区，他被留在了空军的一座简易基地上。

到基地的第一个星期，维修长向士兵们宣布："我们要招收一些人去泰国。"我至今还记得同事们的讥笑声："你在开玩笑吧，谁会离开迈阿密去南亚？"

那时候他常听别人说：永远不要志愿去做任何事。我知道他们说得对，志愿去做得多不是安全、稳定和舒适的事。

但是他向前迈了一步，举起手说："我去！"

他又一次让脚下的路带着前行了，志愿去一个陌生的危险地方。两个星期后，他来到了阳光灼人的泰国。他的工作是把战斗机上损坏的电子零件拆下来，再换上新零件。这里每天都在 43℃左右，他确实在考虑，自己离开迈阿密来这里是否有点儿草率。即使这样他也常问别人："他们的设备是哪儿生产的？是怎样保护飞机的？"得到的回答是："闭嘴，按命令做就行了。"

好奇心驱使他又问了几次，后来差点儿因此而进了监狱。工作很苦，但也让他学到更多的知识。第一个服役期结束后，朋友们常去镇上喝酒，他却还是喜欢去机修部，自愿地帮工人们修理损坏的收发机。一次，维修长把一堆坏零件放在他面前，挑战性地让他把它们修好。

他忙了几个小时干完活，他看着他的劳动成果说："他们这里需要人，明天你不用上前线了。"后来，他把机修部的一个小车间交给了他掌管，里面有 15 名电子技师，而那时他刚到 20 岁。

人们常说"等待机会"，他以自己的经历证明这个说法是错的，应该是创造自己的机会。人一生中 80% 的成功是凭借着敢为人先的精神而得来的，时代的潮流也是由那些敢为人先者来引领，而不是等待机会的人。

还有一点：无悔地生活。记住：生活没有"后退键"。

心灵感悟

选择了奋斗的方向，就要努力去实现，抓紧时间，将全部的精力投入进去，成功就在不远处等待着你。

恐龙与乌龟

几亿年前，凭着大自然的造化，恐龙与乌龟同时从海洋登上陆地。面对神奇富饶的大地，它们兴奋极了。

乌龟想，真是幸运，上天给了我们这么好的生活环境，我们定要倍加珍惜，慢慢享用，以保龟家族在这舒适的大自然中万代延续。于是，乌龟抱着感恩之心，踏上了漫漫的大

迎难而上做了不起的自己

陆之旅。它们不紧不慢，一路欣赏河泊山川，一边惬意生活繁衍。一粒微不足道的生物，便是它们的一顿大餐。一个不起眼的洞穴，便是它们理想的家园。它们从来不与它物争抢食品，从来不无度地囤积物资。它们似乎明白，天赐的自然，我们只能享用，不能占有。

恐龙则不然，面对大好河山，它们内心激发出无限的豪情壮志——我们要进化自身，我们要占领自然。于是，它们站在生物科学的高度，改造食物，研究遗传。实现了体态庞大，完善了手脚分工。它们站在军事学的高度，思量如何降服敌人，占领地盘。实现了天下无敌，做到了步步为营。它们站在工程学的高度，探索如何改造自然，毁山建窝。实现了出行便捷，享受了居住堂皇。

恐龙惊天动地改造山河，所向披靡地占领世界，欲壑难填地囤积资源。在恐龙的领地里，除了宽大的马路，富丽堂皇的窝穴，堆积如山的垃圾，就只剩下不断增加的恐龙数量及其更加疯狂的欲望了。然而，昔日欣欣向荣的地球却走上植物凋零、动物消亡的境地。仅存的乌龟之流的小动物们，都被赶到了荒芜闭塞之地。

终于有一天，还在做着飞黄腾达梦的恐龙们，突然感到填饱肚子这个最原始的需求不能满足了。它们不能奔跑在宽阔的马路上，望着楼房、垃圾而兴叹。于是，为了食物，一场同类间的血腥杀戮开始了。

不知是苍天的惩罚，还是恐龙肆意践踏自然所致。正在恐龙为各自的欲望而战得昏天黑地之时，全球气候突然变冷。在饥寒交迫之中，还要透支体能顽强奋战的恐龙们，终于一个个倒下，它们的家族绝迹了。然而，过惯了简单、安逸的慢生活的乌龟们，它们可以在饱餐一顿之后，静静地躲在沙堆中、洞穴里修行，一待就是半年。任凭外面酷暑严寒，任凭世界风云变幻，与世无争地活着，是乌龟们最强的本领。

多么幸运，弱小的乌龟们，居然好好地熬过了这场天地劫难，延缓到今天！

物竞奈何不了天择，地球村的弱小们，只要敬畏自然，顺应天命，你们也可以是最后的胜利者。

心灵感悟

弱小与强大是相对的，世界上没有绝对的强大和绝对的弱小。坚信自己有自己的优势，在生活中扬长避短，创造幸福人生。

穷和尚和富和尚

从前有两个和尚，一个很富有，每天过得舒舒服服；另一个很穷，日子过得非常苦。

一天，穷和尚对富和尚说："我想到印度求取佛经，你看如何？"

富和尚说："那么遥远，你如何去？"穷和尚说："一个钵、一个水瓶、两条腿就够了。"富和尚哈哈大笑："我想去印度也好几年了，一直没成行的原因是旅费不够。我都

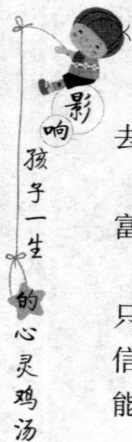

去不成，你又怎么去得成？"

一年后，穷和尚从印度回来，还带了本佛经送给富和尚。富和尚看他果真达成愿望，惭愧得一句话也说不出来。

正如古希腊哲学家苏格拉底所言："一个人能否有成就，只看他是否具有自尊心和自信心两个条件。"依靠坚强的自信，往往可使平凡的人成就神奇的事业，成就那些天分高、能力强却又疑虑与胆小的人所不敢尝试的事业。

心灵感悟

心动不如行动，说一万句话，不如动手去做。只有去做，才能成功。

没有伟大方向的鱼

渤海口有一只小鱼，它下定决心要一路游到山顶，于是它逆向而行。

这只小鱼泳技精湛，一会儿冲过浅滩，一会儿划过激流，穿过了层层渔网，躲过水鸟的追踪，好不容易游到了山顶，可它还来不及喘口气呢，刹那间，就被冻成了冰！

一万年后，一群登山队员在山顶的冰封中发现了它。立刻有人认出了这是产于渤海口的鱼。

一位年轻人赞道："真是一只勇敢的鱼啊！穿越千山万水来到一个截然不同的环境，了不起！"

一位老者却说："不！它只有伟大的精神，却没有伟大的方向，所以只能换来死亡。"

成功，除了"努力"以外，更需要"方向"，有时不妨暂时放慢脚步，想一想：这条路真的是我"想"走的吗？真的是我"该"走的吗？真的是我"适合"走的吗？

如果走错，甚至走反了方向，不但到不了目的地，反而会离理想与抱负越来越远，甚至一败涂地。

在这个脚步急促的时代，我们都应该做一个忙而不"茫"、忙而不"盲"的现代人。

心灵感悟

　　成功需要正确的指导，在奋斗的过程中一定要选对方向。

暗处的钻石也夺目

最近，有个制造真正中国好声音的配音演员被网民们"挖"了出来。她就是曾给电视剧《神雕侠侣》小龙女、《甄嬛传》甄嬛、电影《变形金刚》米卡拉、动画《三国演义》貂蝉、《美人心计》窦漪房、《阿凡达》奈蒂莉等众多影视剧演员配音的女孩季冠霖。令人意外的是，她作为一个被掩藏在银幕背后的人，却仍能穿越荧屏大放光芒，这不得不说是配音圈里的奇迹。其实，她走上这条路纯属不得已。

1980 年，季冠霖出生在天津一个京剧世家，从小受家庭教育的影响练得了一副得天独厚的嗓音。她从小的梦想就

是当主持人或播音员。因此，高考时她选择了播音主持专业，就读于天津师范大学。

大学时，为了实现自己的梦想，季冠霖不放过任何一个可以磨练自己的机会。她曾给企业录过小广告，也曾被邀请去主持一个小晚会，偶尔还会接到一些给影视剧配音的活。临近毕业的时候，她幸运地争取到一个在天津交通台做主持人的实习机会，主持一档从早晨5点到7点的直播节目。她的嗓音和主持风格很快得到听众和台领导的肯定和欣赏，如果继续这样做下去，跟台里签约最终留下的希望非常大，那么她的主持人梦想也就能实现了。

但是，不巧的是，她因患咳嗽不得不回家休养。病好后，那个位置已经成了别人的了。这时候已经过了毕业季，再找工作已经很难了。季冠霖看着同学们一个个不是在电视台就是在电台，甚至有人还走上荧屏做起了演员，她既羡慕又苦恼。此时，一位资深配音老师知道情况后主动打电话给她，邀请她来北京发展，说她有配音的天赋，建议她专职配音。

这倒是条出路，但心气极高的季冠霖却很不甘心。虽然她也喜欢给影视剧配音，但一直是当做业余爱好来看待的，从来没想到有朝一日要把它作为自己的终身事业来经营。而且，当前很多影视剧演员表上不打配音演员的名字已经成了行规，所以配音演员实际上就是给别人做嫁衣的隐形人。难道自己一腔豪情的付出就只能成为永不见光的影子吗？于是，她又继续奔波在找工作的路上，在希望与失望中辗转着，看不到任何出路。

一天，那位老师再次打电话来说，有个给主演配音的机会很适合她，邀请她前去试音。她犹豫了半天，最后终于将这些天来的困惑一股脑儿地倒给了老师。

老师沉默良久，说："一颗钻石原石，即使仍到马路上也不会有人注意，因为钻石本身不会发光。我们看到的钻石之所以熠熠发光，那是因为经过了仔细的切磨，是切工赋予了它第二次生命。你的声音就像一颗钻石原石，如果经过你的努力打磨，它一定会闪烁生辉的。当你真正成为钻石时，即使把你藏在暗处，也遮盖不住你的光芒，一样会闪亮而夺目的！"

"真正的钻石即使藏在暗处，也一样能闪亮夺目。"这句话在季冠霖的脑海里不停地闪烁着，纠结良久的心终于有了奋斗的方向：要先把自己磨砺成一颗钻石。

第二天，她直奔北京，用实力接下了那个给主演配音的工作。从此，她踏上一条虽艰辛但充满斗志的配音路。这是一个很不固定甚至有点朝不保夕的工作，有活时通宵达旦累得要死，没活时心急如火郁闷不已。

为了得到工作机会，季冠霖主动出击，到各大影视剧拍摄现场推销自己，无奈之下还曾打出过免费配音的招牌。慢慢的，她凭借优质的嗓音和扎实的台词功底，在配音圈站住了脚跟，人脉也越来越广，得到的工作机会也越发地多了起来。

2005年，电视剧《射雕英雄传》中小龙女的扮演者刘亦菲因有事不能参与录音，需要配音演员。当时有十几个配音演员前来试镜，大家都知道这是个难得的机会，但竞争也相当激烈。季冠霖以空灵澄净的声音赋予小龙女以很鲜明的性格特点，让这个角色因为她的声音而更加鲜活起来。导演连声惊呼：没想到，配音演员还有这种功效！她用实力

成功拿下了这个角色。

此后，季冠霖的名字渐渐被一些知名导演熟知，甚至一些著名影星也开始主动点名让她来配音。几年间，季冠霖配过的影视剧作品达三百多部。她终于成为一颗闪耀在配音圈里的钻石，并被圈中人尊为"配音界的一姐"。可是，这颗隐匿在舞台后面的钻石仍然不为观众所熟悉，仍然停留在"只闻其声，不知其人"的阶段，甚至压根就不知道还有她这么一个配音演员。

不过，此时的季冠霖早就看开这些了，她已经不是那个因是个幕后英雄而耿耿于怀的小丫头了。因为，随着生活的磨砺和阅历的丰富，她已经找到了自己的价值，找到了成就自己的舞台，这本身就是一种巨大的成功。

可是，真正的钻石即使藏得再隐蔽，也掩盖不住它的光芒。不知何时，也不知是谁，挖出了这颗隐匿在幕后的"钻石"。季冠霖用自己的"好声音"从幕后穿越到了幕前，一夜成名。

很多媒体记者采访她，问及她的奋斗路，她说了一句异常简短的话："先把自己磨砺成钻石。"

是啊，季冠霖用自己的亲身经历告诉我们：当你成为钻石，即使在暗处，也一样能闪亮夺目。

心灵感悟

不自卑，要自强。自己掌握自己的命运，向生活的目标努力。

战胜自己你就是神 第二辑

一个人最大的敌人就是自己，能够战胜自己就拥有了战胜一切困难的能力。战胜自身的缺点、错误、不足，你必然会成为众人眼中的天之骄子。

害怕是一条很凶的狗

小聪参加小学组奥数比赛，可临近比赛的时候他突然退缩了，整个人躲起来不肯见人。父亲找到他，问他怎么了，小聪委委屈屈地哭着说："我害怕！怕我考不好丢脸。"

父亲笑着为他擦干了眼泪说："走，爸爸带你去个地方。"说完牵着小聪的手来到了一位朋友家。

这位朋友家里养了一条很凶的大狗，他们刚一推开院门，大狗就开始狂吠起来，还好有铁链子拴着，不然它真会扑上来咬人，吓得小聪躲在了父亲后面。

父亲把他拉到了一边，自己提个棍子向狗冲过去。狗见了气势汹汹的人，吓得夹着尾巴躲回了窝里。

父亲放下了棍子，退后一步，狗又跳出了窝，很凶地冲着他们狂吠。

父亲对小聪说："看吧！儿子。害怕就像这只很凶的狗，你凶他就退缩，你退缩他就又开始凶。"

小聪看了看狗，他捡起了父亲放下的棍子，有些胆怯地向狗走近，狗没害怕继续狂吠着。父亲拍了拍小聪的肩膀，以示鼓励。小聪回头看了看爸爸，他鼓励的眼神仿佛给了小聪无限的力量，他挺起胸，攥紧棍子大步向前走了一步。

狗果然退后了一步，叫声也小了许多。

最主要的是小聪找到了自信。

　　生活中有很多各种各样的困难，这些困难看起来非常强大，但是当你真的动手去做的时候就会发现，困难其实并不如想象中那么强大。

作茧自缚的毛毛虫

　　花丛中有一只毛毛虫，它懒懒地趴在草丛中不爱动一动。一只老蟋蟀劝它说："孩子应该起来活动活动，不都说生命在于运动嘛！"

　　毛毛虫瞥了蟋蟀一眼，回答道："我不需要动，我只要安安稳稳地要待着，不久我就会变成美丽的蝴蝶。"

　　一只蜻蜓飞过来，对毛毛虫说："哎哟！我还真没见过你这么难看的蝴蝶，别懒惰了，快起来运动运动，对你有好处的。"

　　毛毛虫还是不动，甚至把眼睛都闭上了。它说："不管你们怎么看不起我现在的身体，我变成蝴蝶的事实是永远不能改变的，所以我为什么要动，只要安静地等待我变成蝴蝶不就好了吗？"说完毛毛虫一动不动地趴在草丛中舒服地晒着太阳。

　　不久毛毛虫就地化成了蛹，它身体在蛹里更不想动一动，整日沉睡。

有一天它醒来，发现自己变成了蝶。它高兴地要破茧而出，可是蛹壳在它的撞击下纹丝未动。接着它又撞了几下，觉得浑身生疼。于是它不想撞了，闭上眼睛继续睡觉。

这时外面响起了一阵咚咚声，老蟋蟀在外面喊："孩子，要努力挣脱蛹壳呀！不然你会死在里面的。"

毛毛虫耸耸肩不以为然，心想老蟋蟀真能多管闲事。蛹里面安全又舒服，我干嘛使劲挣扎出去，难道外面的世界比里面安全舒服吗？

所以它不管老蟋蟀怎么敲也不吭声，继续舒服地睡觉。

可没过多久，它发现呼吸开始困难了，它的体型在变大，蛹却在收缩。它这才害怕，用力挣扎，可是它没什么力气，蛹里的空气越来越少，没动几下它就没力气了，而它的呼吸越来越困难。在临死的时候毛毛虫才醒悟，命运虽然是早就注定的，可也要通过自己的努力才能实现。

心灵感悟

勤奋成就辉煌，不要被所谓的环境与思维影响，要在生活中寻找突破。

小老鼠的旅行

一只小老鼠想要去海边旅行，它的父母反对说："那么远，而且到处都隐藏着危险，千万不能去！"

"我决心已定，"小老鼠坚定地说："我一定要看看大海是什么样子的，你们阻止不了我！"

小老鼠大清早就上路了。一路上遇到野猫和蛇的追杀，还有那不知名的大鸟的袭击。小老鼠拼命地逃跑和躲藏，总算是有惊无险。

天黑了，小老鼠待在一块岩石的缝隙里。它想念它的父母，感到孤独、悲伤。但是它没有放弃要去海边的决心。

第二天，它慢慢地爬上了一座山，它的眼前陡然一片开阔。"大海，我终于见到了大海！"小老鼠兴奋地呼喊着。一望无际的大海，天边是缤纷的晚霞，金色的海浪一波接一波地拍向岸边。

小老鼠躺在山顶上，看着夜空里的星星渐渐明亮起来，心中充满了幸福。它想，要是爸爸妈妈现在和它在一块儿欣赏着美景该多好啊！

心灵感悟

每个人都向往自己心中的美景，但并非每个人都能实现自己的梦想。下定决心，不怕艰险，排除阻挠，向着我们心中的目标出发，就一定能达到。

母亲的一句话

理查·派迪是赛车运动史上赢得奖项最多的选手。他

第一次参加比赛就取得了很不错的成绩。他兴高采烈地回家向母亲报喜，冲进家门就喊道："妈！有 35 辆车参加比赛，我旗开得胜，得了第二！"

他万万没有想到母亲竟冷静地回答："你输了！"

他很不理解地抗议道："妈！难道你不认为我第一次就跑个第二是很好的事吗？要知道很多久经赛场的高手都参加了比赛。"

知子莫如母。母亲深知儿子还有很大的潜力，于是严厉地说："理查！你用不着跑在任何人后面！"

有时需用表扬出动力，有时也需用鞭策出动力。理查很快领悟了母亲的苦心：母亲是让他拿自己的成绩跟前面更高的目标和自己的潜能来比，而不是拿自己的成绩同失败者的成绩来比。

从那以后的 20 年，母亲的这句话鞭策着理查·派迪称霸赛车界。他的许多项纪录直至今天还仍然保持着，还没有被后人所打破。每次参赛，他都默念着母亲教诲的那句话——"理查！你用不着跑在任何人后面！"

心灵感悟

赢家和输家在进行比较方面的一个重要区别是：赢家拿自己的成绩跟前面的更高目标和自己的潜能来比，输家则拿自己的成绩和落后者的成绩比。

盖迪戒烟

抽烟的人都知道，一旦上瘾，再想戒掉是很不容易的。

盖迪曾经是个大烟鬼，烟抽得很凶。有一次，他开车去度假经过法国，天公不作美下起大雨，他的汽车又抛锚了，只好在附近的一个小镇上的旅馆过夜。吃过晚饭，疲惫的他很快就进入了梦乡。

凌晨两点，盖迪醒来，他想抽一支烟。打开灯，他自然地伸手去抓睡前放在桌上的烟盒，不料里头却一支也没有了。他下床搜寻衣服口袋，毫无所获。他又打开装行李的箱子翻来覆去地找，希望能发现无意中留下的一包烟，结果又失望了。那就去买一盒，盖迪穿上衣服来到旅馆门外，这时候，旅馆的餐厅、酒吧早关门了。雨还在下个不停，街上一片凄清，所有的店铺都已经打烊了。唯一的办法就是冒雨到自己停在几条街外的车里去拿。

越是没有烟的时候，想抽的欲望就越大。有烟瘾的人都有这种体验。

盖迪打算去自己的车里拿烟，想起帽子忘在房间里了，至少还可以遮遮雨。他回到房间，刚准备拿帽子时他突然停住了。他问自己：我这是在干什么？

盖迪坐在床边寻思，一个有教养的人，而且是相当成功的商人，一个自以为拥有理智的头脑的人，竟要在三更半

19

迎难而上做了不起的自己

夜离开旅馆，冒着大雨走过几条街，仅仅是为了得到一支烟。这是一个什么样的习惯，这个习惯的力量难道那么强大？

不一会儿，盖迪下定决心——决定戒烟。他站起来使劲地伸了个懒腰，然后把那个空烟盒揉成一团扔进了纸篓，脱下衣服换上睡衣回到了床上，带着一种解脱甚至是胜利的心情进入了梦乡。

至此，盖迪一生中再也没有碰过一支香烟。他就是闻名世界的美国石油大亨——保罗·盖迪。

心灵感悟

自制力是每一个成功人士必不可少的素质之一。当我们面临诱惑时，要用理智的头脑来分清楚孰是孰非，再做出正确的选择。

继续攀登

有几个登山爱好者一起去攀登一座险峰，正走到半山腰时，突降大雨。脚下的山道很快就变得泥泞稀滑，队员们的身上也全部淋湿了。大家纷纷要求下山，并说等到天气好了再来。

队长十分坚决地告诉大家："跟着我，继续向山顶攀登。"

大家十分不解："下这么大的雨，越往山上走风雨越大，也越危险。还是下山吧！"

队长接着说道："往山顶走，风雨可能更大，但是对我们的生命并没有多大的威胁。而下山，风雨小些，似乎很安全。可如果遇到因大雨引发的山洪，我们大家可能连一点生存的机会都没有。"

队员们觉得队长的话十分有道理，打起精神，向着山顶蹒跚而行。

大雨很快就住了，大伙迎着阳光登上峰顶。

心灵感悟

面对困难与风险，我们不能逃避，只有迎难而上。畏缩不前，将永远被囚禁在自设的牢笼之中；迎接挑战，才能于风口浪尖中抵达成功的彼岸。

不，一定是乐谱错了

小泽征尔是世界著名的音乐指挥家。意大利的米兰斯拉歌剧院和美国大都会歌剧院等许多著名歌剧院，都曾多次邀他加盟执棒。

一次，他去欧洲参加音乐指挥家大赛，决赛的他被安排在最后一位。

小泽征尔拿到评委交给的乐谱后，稍做准备，便全神贯注地指挥起来。突然他发现乐曲中出现了一点不和谐。开始他以为是演奏错了，就让乐队停下来重新演奏，但仍觉得

不和谐。至此，他认为乐谱确实有问题。可是在场的作曲家和评委会的权威人士都郑重声明：乐谱不会有问题，是他的错觉。

面对几百名国际音乐的权威人士，他难免对自己的判断产生了犹豫。但是，他考虑再三，坚信自己的判断是正确的。于是，他斩钉截铁地大声说："不！一定是乐谱错了！"他话音刚落，评委们立即站立起来，向他报以热烈的掌声。

原来这是评委们精心设计的一个圈套，以试探指挥家们在发现错误而权威人士又不承认的情况下，是否能坚持自己正确的判断，因为只有具备这种素质的人，才真正称得上是世界一流的音乐家。

心灵感悟

　　成功的人除了拥有超越一般人的能力和素质外，绝对的自信心是必不可少的。只有充分地相信自己，才能不妥协于旧俗常规的挟制，不屈服于强权恶势的胁迫；才能打造一片属于自己的天空。

农场里的小女孩

在一个农场里，佃农们向农场主缴谷租。一个黑人小女孩推开门走了进来，靠在门旁。

农场主看到小女孩，就对他粗声粗气地喊："你要干什么？"

小女孩细声细气地答道："妈咪说，请你还给她5毛钱。"

"我不会给的，"农场主斥喝道："你现在就给我回去。"

农场主接着忙他自己的事情，没有留意到小女孩并未离去。等到他突然抬头的时候，看到她仍然站在那里，农场主非常恼怒，就对她咆哮："你怎么还没走？现在就走，再不走我就拿棍子来揍你。"

小女孩说："好的，先生。"但是她一动没动。

农场主放下了手中的活，拿起做谷仓的板条，满脸怒容地朝小女孩走去。可是当他刚走近门边时，小女孩飞快地往前一跨，大眼直视农场主的眼睛，用最高亢的声音尖叫："妈咪要拿到那5毛钱。"

农场主停下了脚步，端详了小女孩一下，然后慢慢放下了木条，从口袋里掏出了5毛钱，递给了小女孩。小女孩拿了钱，直盯着农场主，慢步退向门外。

小女孩走了后，农场主坐在箱子上，愣愣地望着窗外，好久。

心 灵 感 悟

目标就在眼前，只要有着坚定的信念和不屈不挠的决心，就一定会实现。再大的困难和阻挡，在你的面前也会退却。

迎难而上做了不起的自己

含石练语

狄摩西尼天生的唇齿缺陷，说话含糊不清，与人交流非常的困难。这种不幸对于想要成为一个出色的人来说，十分的苦恼。

连话都说不清楚，还能做好什么呢？狄摩西尼决心纠正自己的这个毛病。

他找来一块小鹅卵石含在嘴里练习说话，经常跑到僻静的地方，一练就是好几个小时。他就这样长时间地坚持练习，石子把他的牙龈也磨破了，流出的鲜血把石子都染红了。巨大的困难并没使狄摩西尼放弃练习，他就这样一直练到自己能轻松地像正常人一样说话，甚至比他们还要口齿流利。

后来，狄摩西尼成了希腊杰出的政治家。

心灵感悟

伟大的成就总要经过痛苦的磨难，甚至需要经过像凤凰涅槃般的考验。

舀海水的人

一个人把一颗珍贵的钻石掉进海里。于是他拿来一只桶，开始舀海水，他不知疲倦地干了两天两夜。

第三天的早上，海神来到他的面前问他："你干吗要舀海水呢？"

那人说："我的钻石掉里面了。"

"你准备舀到什么时候？"海神接着问。

那人回答："把海水舀干，找到我的钻石为止。"

于是海神把钻石拿出来给了这个人。

心灵感悟

大海是舀不干的，但是这种决心的力量却是无穷的。一个人只要坚持不懈地努力，自己的目标定能实现。

难题

有一个准备参加奥林匹克竞赛的同学每天的家庭作业是两道数学题，老师要求第二天早上交给他。

有一天，这个学生回家后，才发现教师今天给了他三道题，而且最后一道似乎有些难度。从前每天两道题，他都很顺利地完成了，从未出现过任何差错。学生想，早该增加点分量了。

他很轻松地完成前面的两道题，可是，第三道题好像不是那么容易。但是他志在必得，便满怀信心地沉入到解题的思路中……

天亮时分，他终于把这道题做完了。但他还是感到一些内疚和自责，认为辜负了老师的期望——这道题竟然做了一夜。

谁知，当他把这三道已解的题一并交给老师时，老师惊呆了。原来，最后那竟是一道在数学界流传百年而无人能解的难题。老师把它抄在纸上，也只是出于好奇心。

结果，这个学生却在不明实情的情况下，意外地把它给解决了。

心灵感悟

生活中其实有很多问题简单明了，却因为我们复杂的想法，反而让问题得不到解决。放下思想包袱，冷静思索，再难的难题也会攻克。

勇气的力量

那年秋天的一个夜晚，月黑星稀，冷风嗖嗖，我放学回家走在偏僻的乡间小路上。穿过一片浓密的树林，又是一片广阔的坟地。坟地里高低不平，磷火明灭，猫头鹰不时地号叫着。我虽然学过鲁迅先生踢鬼的故事，不相信有鬼，但还是不由自主的心发慌，腿发软，头皮发麻。所有听过的妖魔神怪都在脑子里乱窜，总觉得眼前有什么东西突然冒出来，身后有什么东西老跟着自己。

就在这时，有一个大人的声音突然传过来："孩子，别害怕！解开你的衣扣，露出胸膛来，昂首挺胸抖擞精神大步走！"原来是本村的老革命军人，学校贫管会的黄主任追上了我。有了大人做伴，又按着他说的话做了，我顿时感到雄赳赳气昂昂地胆子大起来，一点也不害怕了。他告诉我这就是勇气，自己有了勇气什么都不可怕，更不会自己吓唬自己。于是，他又给我讲了一个他自己过去的故事。解放战争时期，一场大仗后，他和部队离散了，弹尽粮绝，想在一片废墟上寻点水喝。不料，两个土匪端着刺刀，从一个大坟墓后面冒出来，正向他一步步逼近。看来这两个土匪的子弹也没了，只能短兵相接，肉搏战了。狭路相逢勇者胜。黄主任尽管身材矮小，已筋疲力尽，但他果敢顽强，仍然鼓足了勇气，大冬天把棉袄一扒，赤裸着上身，决然和这两个土匪作最后的生死较量了。在围绕着那个大坟墓周旋了 3 圈之后，两个土匪见黄主任气势威猛，胆量过人，于是心虚地不战而逃。黄主任说，那是两人对一人，如果其中一人也和他一样气盛，那他就必死无疑了。这就是勇气的力量！

黄主任的故事，使我感动，更给了我启发。我觉得勇气确实是人高昂的头颅，挺直的脊梁，紧握的拳头。人缺乏勇气诸事难成，人有了勇气无往不胜。这也是我在那以后的学习、工作、生活的经历中深刻感受到的。

心灵感悟

勇气是战胜一切困难的力量源泉，勇敢者敢于直面任何困难，并通过努力将这些困难踩在脚下。

迎难而上做了不起的自己

挫折

一个商人经营的所有产业在一次无情的地震中化为乌有。

商人伤心欲绝，他半辈子的心血都付之流水。就在他万念俱灰的那一刻，他心中的不甘让他勇敢地活下来。

"大不了从头再来，我一定要重新站起来。"商人看着眼前破败的震后灾情，在心中对自己怒吼着。

商人从一片瓦砾中站了起来，打量着满目疮痍的周围，一个灵感迅速涌进他的脑海："灾后重建，如此大的自然灾害，几乎毁坏了所有的建筑物。这是一个商机。"

多年后，这个商人身价逾亿，他成了一个具有传奇色彩的人物。在那个遭遇地震的城市里，很多的建筑都是他下属的公司所建。

心灵感悟

灾难中同样蕴含着机遇。不要因为生活中的种种不幸而悲观绝望，一蹶不振。天无绝人之路，老天爷为你关上了这一扇门，一定会在旁边为你打开另一扇门的，战胜自己就能获得机会。

雨本无声

一个雨天，小沙弥问老和尚："师父，好些人的生活都磕磕绊绊，一点也不顺利，我想着就难过啊。"

老和尚便带他来到屋檐下，问："你说雨有声音吗？"

小沙弥笑答："当然有，噼里啪啦的好壮观啊！"

老和尚却淡淡地说："徒儿你错了，雨本无声，可它落下来时，砸在了屋檐、雨棚和窗户上……才有了声音。所以，你听到的不是雨声，而是它砸到东西后发出的回响。"

小沙弥听了，这才点头称是。

这时，老和尚又摸着小沙弥的脑袋说：

"雨似人生。每个人的人生都很平凡，就像雨本来无声一样，但当遭遇阻拦和挫折时，人生就可能像这雨一样，创造出巨大的声音，所以，我们的人生要感谢挫折啊。"

小沙弥这才眼前一亮，悟道："师父，人生只有遭遇挫折，才会发出掷地有声的回响，勇敢地面对挫折，人生也会像这雨，越来越响亮。"

心灵感悟

挫折并不可怕，可怕的是挫折让你望而却步，失去了战斗的勇气。一个人成功与否，衡量他的标准之一就是经受过多少挫折。

迎难而上做了不起的自己

富翁的继承权

有一个富翁，他有两个儿子。富翁年纪大了，可是他不知道让哪个儿子来继承他的家业。

他冥思苦想，想到自己白手起家的青年时代，他忽然灵机一动，找到了考验他们的好办法。

他把两个儿子带到很远的一座城市，交给他俩一人一串钥匙和一匹快马，看谁先到家，并打开自己对应的门进到家里。谁先进去的就将得到继承权。

兄弟俩策马急奔，几乎同时到家。但是面对紧锁的大门，两个人都犯愁了。

哥哥拿着一串钥匙，却总也找不到最合适的那一把，锁依然紧锁着；弟弟匆匆忙忙，等到了家门口，才发现钥匙不知道什么时候掉在了半路。

俩兄弟急得满头大汗。

弟弟突然想到了什么，很快找来一块石头，几下就砸开了自己面前那把锁。他顺利地进去了。

自然，继承权落在了弟弟的手里。

心灵感悟

遇到难题时，不要把目光总是盯在现有的公式上。急中生智，灵活多变，只要答案是正确的，途径并不重要。

周处革痹

周处，晋朝无锡人，天性蛮好。但少年失双亲，没人给他传授规矩以教育，慢慢地受到坏习气的熏染，长大以后更为粗野，打得人头破血流弯腰寻牙。天长日久，终于发现别人在远躲自己。

一天，他去问一位长者："为什么乡亲、邻居见了我远躲呢？"老者告诉周处说："周处，你不知道啊！我们这里现在有三害呢！第一害是前边山里来了个老虎，经常出来伤害人畜。第二是后边河里出现了一条蛟龙，害的人不敢游泳过河、捕鱼捞虾。"周处问："还有一害怎么不说呀？"老者笑着说："就是你呀！"

原来自己已经这么坏啦，幡然醒悟、决心悔过。凭着他的勇猛，上山杀掉了老虎，下河擒拿了蛟龙。自己良心发现，本性善良的天性彰显出来。从此一路上进，处处与人为善，后来做了很大的官，为乡亲做了很多好事，在历史上留下了非常的名声。时至今日，周处墓仍在，经常引来后人缅怀。

心灵感悟

知错就改，这是自我完善、战胜自我的显著表现。能够及时发现缺点并改正的人，都是优秀的人。

迎难而上做了不起的自己

在心里种下一首歌

　　那是一个秋天的黄昏，斜阳渐落，红霞染红了天边。我和家人一起吃晚饭，偶一抬头，见窗外冒出两张粉脸。再一看是阿美和小胖，挤眉弄眼地朝我招手，我会意地冲他们点点头。

　　妈妈在一旁说道："别着急，多吃点饭。"我心里跟猫挠似的，胡乱扒拉了几口，就站起来说："吃饱了，我要出去玩了。"话音刚落，人已跑远。

　　不一会儿，院里的小伙伴陆续聚拢过来。我们开始跳方格、捉迷藏，玩累了，阿美提议说："咱们来开演唱会吧。"大家一致举手赞成，靠墙的一块青石板，成了临时舞台。

　　阿美清了清嗓子，唱了一首《蜗牛和黄鹂鸟》，清亮的童音传到耳畔，引来我们的阵阵掌声。轮到我上场了，学着歌星的样子先鞠了个躬，然后故作陶醉地唱道："我爱你塞北的雪……"

　　"哈哈哈……"二胖妈不知何时走过来，双手叉腰，笑得花枝乱颤，"这一嗓子嚎的，吓了我一大跳，简直比哭还难听。"她是位大嗓门的东北女人，边笑边夸张地比划着。我羞得满脸通红，扭身跑回家中，趴在床上抽泣起来。

　　那年我 10 岁，正是敏感而脆弱的年纪，被一句无意的嘲笑，淋湿了心房。我将墙上的明星海报撕掉，缺少了歌声的陪伴，感觉生活变得单调了许多。

读高中时，学校举办"庆元旦"文艺汇演，老师要求全班同学排练大合唱。回想起难堪的童年往事，我灵机一动，想到个好主意。站在队伍中，跟着低声附和，没想到，很快被老师识破了。

"你——站出来，单独唱一遍。"老师用手一指，厉声说道。当时我的脑子一片空白，木木地走到前面。刚唱了几句，老师摆了摆手说道："我看还是算了吧，你就对对口型，千万别唱出声来。"

全班哄堂大笑，笑得乱成一团，难过与羞愤交杂在一起，我恨不得找个地缝钻进去。

我变得愈加孤僻内向，正是从那时起，喜欢上了阅读。我独自坐在花树下，捧着一本书，安静地看着。青春如悠长又寂寥的雨巷，而我，仿佛是那个丁香一样结着愁怨的姑娘。

刚参加工作那几年，每逢闲暇时，同事们三五一群地闲侃，或去唱歌跳舞。我依旧一杯茶，一本书，静静地打发时间。后来，我尝试着写作，渐渐的文字不断出现在报刊上。

有一年夏天，我去海滨小城参加笔会，晚饭后，我和美女作家茉莉沿着海边漫步。月光洒在银色的沙滩上，海面上波光潋滟，一切如梦又如幻，恍若置身仙境。

茉莉说："这么好的美景，咱们来唱歌吧。"我不好意思地说："我唱歌很难听的。"然后，我跟她讲了因唱歌闹笑话的尴尬往事，她微笑着说："其实，不用太在意的。不管是快乐时光，还是悲伤瞬间，歌声都是最好的陪伴。"

那天晚上，我们并肩坐在沙滩上，轻轻地唱着歌。那

些从心底淌出的音符，有一种让人安定的力量，仿佛置身于另一个世界，感到从未有过的轻松和愉悦。

她说："在人生的舞台上，你永远都是自己最好的听众。"我听了，惊住，一时感慨不已。只因别人的几句嘲笑，我的生活被罩上一层阴影，现在回头去看，才发现过去的想法是多么荒唐可笑。

从笔会回来以后，我们偶尔会在网上聊天，她说最近迷上黄梅戏了。我告诉她报了个古筝班，闲时写文章，弹古筝。她在那边欢呼道，可以想象，你弹古筝的样子，肯定会很优雅的。

再后来，有一天，我应邀到一所中学做文学讲座。这要放在以前，是想都不敢想的事。

因为在人多的地方讲话，我会脸红紧张，手足无措。可这一回，我鼓起勇气，欣然前往。当台下响起热烈的掌声时，我起身鞠躬致谢。

心灵感悟

想起曾经看过的一句话：你学过的每一样东西，你遭受的每一次苦难，都会在你一生中的某个时候派上用场。如此说来，那些嘲笑过你的人，那些忽视过你的人，也是生命中的"另类贵人"。

挖掘潜力适应生活 第三辑

潜力，决定了一个人在社会生活中取得成就的程度。努力适应社会生活，在实践中发现找出个人的不足，挖掘个人的潜力去适应社会的需要，成就精彩人生。

莺鸟的长喙

在南太平洋的一座岛屿上，生活着一种专门吃各种草籽的鸟，人们称它为莺鸟，它长着长长的喙。

在一次持久的干旱后，科学家们发现大部分的莺鸟体重大减，挣扎在死亡线上。经过调查，发现是干旱引起岛上大量的植物死亡，尤其是些草本植物。而莺鸟的食物仅剩下一种叫做蒺藜的草籽，它浑身长满了尖锐的硬刺，它还有个别名——铁星。

莺鸟要想活命，就得用它那柔弱的喙很费劲地啄开一粒粒铁星。岛上开始了一场没有硝烟的生死之战，唯一的声音就是莺鸟嗑开蒺藜的"劈啪"声。并不是每一只莺鸟都能顺利地嗑开铁星，喙越长就越容易嗑开，有一些莺鸟的喙比一般莺鸟的要短，它们只能望"星"兴叹，无论如何也嗑不开生命的大门。

喙短的莺鸟很快都消失了，剩下的莺鸟个个都是长喙的。

心灵感悟

莺鸟的喙天生有多长就是多长，而我们的喙——思想、智慧、经验、体力……却在一天天地积累，渐渐地磨练增长。如果我们放弃学习、思考、锻炼……那将会有着和短喙莺鸟同样的命运。

不愿舍弃的牛绳

一头牛不愿再重复着繁重单调且没有自由的生活了。一条狗每天吃不饱，有时主人不高兴了还踢它，它也不愿再给主人看门了。于是，它们俩约好了晚上一起逃出去，到深山旷野里过自由的生活。

夜晚，狗如约来到拴牛的树下。狗正准备咬断穿着牛鼻的绳子，可牛却阻止了它。狗奇怪地看着牛："怎么，你改变主意了？"

牛摇摇头："不是，我只是不愿意让这条绳子离开我啊，它跟了我几年了，这一走，我什么都没了，就剩下它了。你还是把它从树身上解下来好了。"

狗只好听从牛的话，好不容易才把牛绳从树上解开。然后它们一起奔向旷野。

狗飞快地向山脚下跑去，等到它回过头再去看牛时，主人正牵着牛绳把它往回赶。原来，牛一开始紧跟在狗的后面，不料长长的绳子绊在了石头上，等到它费尽气力把绳子拽出来时，主人已经追了过来。

心灵感悟

"有所得，必有所失。"得到也意味着放弃，否则，前行的脚步将被你依依不舍的过去所羁绊。

迎难而上做了不起的自己

🌻 选择自己

一个叛逆的黑人青年第三次被送进监狱。

他喜欢垒球。一次，一个年老的被判无期徒刑的犯人对正在打垒球的他说道："你是有能力的，你有机会做些你自己的事，不要自暴自弃！"老犯人的话犹如一颗石子在他的心里激起波浪。他突然意识到自己作为一个囚犯所拥有的最大的自由——对未来生活的选择：是继续作一个恶棍，还是当一个垒球手。

他下了决心，当然也付诸行动。

5 年后，这个年轻人成为底特律老虎队的主力队员。

💭 心灵感悟

我们随时都在为自己做出选择，选择是一种责任，放弃了选择，就等于放弃了自我。选择与生命同在。

🌻 沙漠里的鸟儿

这是沙漠里仅存的一片小树林，树林里生活着数十只鸟儿，他们艰难地生活在这里。

一只鸟儿看着它们的栖息地越来越小，小树林随时都有可能被风沙淹没，便想到了离开这里。于是它便对其它的鸟儿说："我们不能在这里坐以待毙了，我们要离开这里，寻找新的家园。"但是它的提议没有得到其它鸟儿的认同，它们认为四周都是沙漠，离开这里等于自寻死路。

这只小鸟为大家不能接受它的意见黯然神伤，决定只身离去。小鸟竭尽所能经过十几个昼夜不停的飞行，筋疲力尽的它终于看到了绿洲，它欢快地叫了起来……

而其它鸟儿依旧待在那一片小树林中，经过几次风暴后，可怜的它们同树林一起被沙堆埋葬。

心灵感悟

没有任何人和事物能够让我们依赖一辈子，趁早离开才能激发出我们生命中的潜能，只有经历过风雨的磨砺，才能使我们更好地成长。

侍弄生命

有这样一户人家，在那个特殊的年代里，被迫从城里流落到乡下。朋友送他们走的时候，都落了泪。从小在城里长大的夫妻俩，手无缚鸡之力，除了满脑子的学问，几乎什么农活都不会做。更要命的是，他们的一对儿女还不到五岁，一家人该怎么活啊！望着他们远去的背影，朋友们都很担心，

而他们的脸上却非常平静，根本看不出痛苦和绝望。

若干年过去了，城里的朋友决定去遥远的乡下看看这一家人。在朋友们看来，这家人一定生活得很凄惨。于是他们凑了一些钱，到商店里买了所有能够买到的东西，大大小小装了许多包，开始朝一个叫圪塄营的村庄出发。

汽车在坑坑洼洼的土路上颠簸了很长一段时间，才到了圪塄营。这是一个荒凉的小村庄，没有几户人家。轻轻地走到屋里，朋友们都惊呆了。只见他们一家人围坐在一张破旧的八仙桌旁，桌上，是新沏好的茶水，一缕淡淡的清香飘散在空气中。丈夫，妻子，儿子，女儿，每人手里捧着一本书，在这样一个初夏的午后，正静静地埋头读着。

朋友们都知道，原先在城里的时候，男人就有这样一个习惯：每天午后，跟妻子一道沏一壶好茶，然后在茶香的氤氲中，品茗读书。没想到这么多年过去了，在这么荒凉的乡下，他们竟然还保持着这样一个高贵的习惯，几年的艰苦生活，竟没有压垮他们。

据说，这一家人在小村庄里一直这样精神昂扬地生活了近二十年。落实政策后，男人又回到了城里，成了一所著名大学的教授，而他们一双在贫穷中长大的儿女，大学毕业后，一个留学于德国，一个留学于意大利。

在一个人出生的一刹那，坚强、勇敢、忍耐……人生这些优秀的品质，就像一粒粒种子，一同降落在了生命深处。那些屈服于命运的人，就是在自我的精神世界里放弃了这些种子的人。而生活中的胜利者，常常是侍弄这些种子的高手。譬如，故事中的那个男人，在生活艰难中，依然饶有情致地组织全家在午后品茗读书，就是他对一粒叫做"坚强"的种子最高雅的侍弄。

九十九度加一度才会沸腾

如果让水发出饱和蒸汽的力，必先把水烧到一百度的温度。九十度不成，九十九度也不能办到。水在压力下一定要沸腾，才能发出蒸汽，才能转动机器，才能推动水车。"温热"的水是不能推动任何东西的。

许多人都是想用温热的水，或将未沸腾的水，去推动他们生命的火车；而同时却还诧异着，为什么在事业上自己总是不尽人意。

一个人态度的温热，对于他自己的事业工作所产生的影响，与温热的水对于机车所产生的影响相等。

凡是有着强有力的中心意志，一定是个积极的、有建设与创造本领的人。每个人都会向往一件事，希冀一件事，但真能做事、成事的，却只有那些怀着中心意志或意志坚强的人。

有着坚强的中心意志的人，在社会中一定能够占得重

要的位置，并为他人所敬仰。他的言语行动，表现出有定力、有作为、有主见、有生命之目标，而又必求达到其目标。他坚定地朝着目标前进，有如急矢之趋向红心。在这样的一种意志之下，一切的阴影都会消融逝去了。

目标的认清，意志的坚定，从这中间，是可以生出一种可以使人成功的力量来的。

假使一个人于某一日，在心中决定了一个新的中心意志，新的生命目标，那么，从那一天起，他就是一个新生的人。他的耳目所接触的四周都已气象一新。昨天还在包围和阻碍他的种种恐惧、狐疑、不快的思想及罪恶的试探，现在烟消雾散了。因为，一个新的中心意志，已经把那些东西一起赶掉了。他的生命现在是统一而不是混乱，积极而不是消极。他一切的醉睡着的能力，现在是已经唤醒而准备行动了。

有些青年人很想在事业上发愤上进，但为了细故，往往会于一夕之间，抛掉事业，而去迁就环境。他们常常自己怀疑，现在的事业究竟与自己的性情是否适合。他们一遇挫折，就要灰心；一听到别人在别种事业上得到成功，就要生出羡慕，而要想自己也向那方面去试试。

假使一个青年对自己从事的事业态度游移，则可断定，他还没有怀着一个中心意志，他的事业总还与他的天性不尽适合。否则，他的事业，应当与他的中心意志相符，与他的天性相合，而他的事业就是他生命中的一部分，不能分离。

在心中决定一个中心意志，寻觅到最高的生命理想或目标，并且觉得不能不实现，必须实现而后已；不论怎样费力、怎样费时，也仍然不会放弃追求、停止努力。

这是使我们的生命成为有价值与得到胜利的原则！

尽力而为与竭尽全力

在美国西雅图的一所著名教堂里，有一位德高望重的牧师——戴尔·泰勒。有一天，他向教会学校一个班的学生们先讲了下面这个故事。

那年冬天，猎人带着猎狗去打猎。猎人一枪击中了一只兔子的后腿，受伤的兔子拼命地逃生，猎狗在其后穷追不舍。可是追了一阵子，兔子跑得越来越远了。猎狗知道实在是追不上了，只好悻悻地回到猎人身边。猎人气急败坏地说："你真没用，连一只受伤的兔子都追不到！"

猎狗听了很不服气地辩解道："我已经尽力而为了呀！"

再说兔子带着枪伤成功地逃生回家了，兄弟们都围过来惊讶地问它："那只猎狗很凶呀，你又带了伤，是怎么甩掉它的呢？"

兔子说："它是尽力而为，我是竭尽全力呀！它没追上我，最多挨一顿骂，而我若不竭尽全力地跑，可就没命

43

迎难而上做了不起的自己

了呀！"

泰勒牧师讲完故事之后，又向全班郑重地承诺：谁要是能背出《圣经·马太福音》中第五章到第七章的全部内容，他就邀请谁去西雅图的"太空针"高塔餐厅参加免费聚餐会。《圣经·马太福音》中第五章到第七章的全部内容有几万字，而且不押韵，要背诵其全文无疑有相当大的难度。尽管参加免费聚餐会是许多学生梦寐以求的事情，但是几乎所有的人都浅尝辄止，望而却步了。

几天后，班中一个 11 岁的男孩，胸有成竹地站在泰勒牧师的面前，从头到尾地按要求背诵下来，竟然一字不漏，没出一点差错，而且到了最后，简直成了声情并茂的朗诵。

泰勒牧师比别人更清楚，就是在成年的信徒中，能背诵这些篇幅的人也是罕见的，何况是一个孩子。泰勒牧师在赞叹男孩那惊人记忆力的同时，不禁好奇地问："你为什么能背下这么长的文字呢？"

这个男孩不假思索地回答道："我竭尽全力。"

16 年后，这个男孩成了世界著名软件公司的老板。他就是比尔·盖茨。

心灵感悟

竭尽全力是一种生活态度，做任何事情都竭尽全力，养成不论做任何事情都竭尽全力的好习惯。

心中的顽石

　　阻碍我们去发现、去创造的，仅仅是我们心理上的障碍和思想中的顽石。

　　从前有一户人家的菜园摆着一颗大石头，宽度大约有四十公分，高度有十公分。到菜园的人，不小心就会踢到那一颗大石头，不是跌倒就是擦伤。

　　儿子问："爸爸，那颗讨厌的石头，为什么不把它挖走？"

　　爸爸这么回答："你说那颗石头喔？从你爷爷时代，就一直放到现在了，它的体积那么大，不知道要挖到什么时候，没事无聊挖石头，不如走路小心一点，还可以训练你的反应能力。"

　　过了几年，这颗大石头留到下一代，当时的儿子娶了媳妇，当了爸爸。

　　有一天媳妇气愤地说："爸爸，菜园那颗大石头，我越看越不顺眼，改天请人搬走好了。"

　　爸爸回答说："算了吧！那颗大石头很重的，可以搬走的话在我小时候就搬走了，哪会让它留到现在啊？"

　　媳妇心底非常不是滋味，那颗大石头不知道让她跌倒多少次了。

　　有一天早上，媳妇带着锄头和一桶水，将整桶水倒在

大石头的四周。

十几分钟以后，媳妇用锄头把大石头四周的泥土搅松。

媳妇早有心理准备，可能要挖一天吧，谁都没想到几分钟就把石头挖起来，看看大小，这颗石头没有想象的那么大，都是被那个巨大的外表蒙骗了。

记住：你抱着下坡的想法爬山，便无从爬上山去。如果你的世界沉闷而无望，那是因为你自己沉闷无望。

心灵感悟

改变你的世界，必先改变你自己的心态。

再试一次

有个年轻人去微软公司应聘，而该公司并没有刊登过招聘广告。见总经理疑惑不解，年轻人用不太娴熟的英语解释说自己是碰巧路过这里，就贸然进来了。总经理感觉很新鲜，破例让他一试。面试的结果出人意料，年轻人表现糟糕。他对总经理的解释是事先没有准备，总经理以为他不过是找个托词下台阶，就随口应道："等你准备好了再来试吧。"

一周后，年轻人再次走进微软公司的大门，这次他依然没有成功。但比起第一次，他的表现要好得多。而总经理给他的回答仍然同上次一样："等你准备好了再来试。"

就这样，这个青年先后5次踏进微软公司的大门，最终被公司录用，成为公司的重点培养对象。

记住：也许，我们的人生旅途上沼泽遍布，荆棘丛生；也许我们追求的风景总是山重水复，不见柳暗花明；也许，我们前行的步履总是沉重、蹒跚；也许，我们需要在黑暗中摸索很长时间，才能找寻到光明；也许，我们虔诚的信念会被世俗的尘雾缠绕，而不能自由翱翔；也许，我们高贵的灵魂暂时在现实中找不到寄放的净土……

心灵感悟

我们为什么不可以以勇敢者的气魄，坚定而自信地对自己说一声"再试一次"！再试一次，你就有可能达到成功的彼岸！

自己救自己

某人在屋檐下躲雨，看见观音正撑伞走过。这人说："观音菩萨，普度一下众生吧，带我一段如何？"

观音说："我在雨里，你在檐下，而檐下无雨，你不需要我度。"这人立刻跳出檐下，站在雨中："现在我也在雨中了，该度我了吧？"观音说："你在雨中，我也在雨中，我不被淋，因为有伞；你被雨淋，因为无伞。所以不是我度

迎难而上做了不起的自己

自己，而是伞度我。你要想度，不必找我，请自找伞去！"说完便走了。

第二天，这人遇到了难事，便去寺庙里求观音。走进庙里，才发现观音的像前也有一个人在拜，那个人长得和观音一模一样，丝毫不差。

这人问："你是观音吗？"

那人答道："我正是观音。"

这人又问："那你为何还拜自己？"

观音笑道："我也遇到了难事，但我知道，求人不如求己。"

记住：成功者自救。

心灵感悟

相信命运掌握在自己手中，在人生的道路上，自己拯救自己。

给自己一片悬崖

一位原籍上海的中国留学生刚到澳大利亚的时候，为了寻找一份能够糊口的工作，他骑着一辆自行车沿着环澳公路走了数日，替人放羊、割草、收庄稼、洗碗……只要给一口饭吃，他就会暂且停下疲惫的脚步。一天，在唐人街一家餐馆打工的他，看见报纸上刊出了澳洲电讯公司的招聘启事。留学生担心自己虽然英语地道，但专业不对口，他就选择了线路监控员的职位去应聘。过五关斩六将，眼看他就要得到那年薪三万五的职位了，不想招聘主管却出人意料地问他："你有车吗？你会开车吗？我们这份工作要时常外出，没有车寸步难行。"澳大利亚公民普遍拥有私家车，无车者寥若晨星，可这位留学生初来乍到还属无车族。为了争取这个极具诱惑力的工作，他不假思索地回答："有！会！""4天后，开着你的车来上班。"主管说。

　　4天之内要买车、学车谈何容易，但为了生存，留学生豁出去了。他在华人朋友那里借了500澳元，从旧车市场买了一辆外表丑陋的"甲壳虫"。第一天他跟华人朋友学简单的驾驶技术；第二天在朋友屋后的那块大草坪上摸索练习；第三天歪歪斜斜地开着车上了公路；第四天他居然驾车去公司报了到。时至今日，他已是"澳洲电讯"的业务主管了。

　　这位留学生的专业水平如何我无从知道，但我确实佩服他的胆识。如果他当初畏首畏尾地不敢向自己挑战，绝不会有今天的辉煌。那一刻，他毅然决然地斩断了自己的退路，让自己置身于命运的悬崖绝壁之上。

心 灵 感 悟

　　正是面临这种后无退路的境地，人才会集中精力奋勇向前，从生活中争得属于自己的位置。

你的世界无限大

　　说到麦当劳餐厅，恐怕世界上只有少数人没听过这个名字，它最初是由一对叫麦当劳的兄弟创立的。然而，现在遍布全球的麦当劳连锁王国却并不是麦当劳氏的家族企业。实际上，早在1961年，麦当劳这个品牌就不再"姓"麦当劳了——一个叫雷·柯洛克的人从麦当劳兄弟手中买下了它。

　　第一次走进麦当劳餐厅时，雷·柯洛克已经52岁了，离退休的年龄仅有13年。在这之前，他做了30年的推销员，然而在这漫长的大半段人生里，他一直业绩平平。除了一身病痛，他几乎没有任何收获。他患有糖尿病、关节炎，并做了胆囊摘除手术，另外他的大部分甲状腺也被摘除了。有过这样的不幸遭遇，处于这样的年纪，一个人还能有所作为吗？

　　柯洛克说："我始终相信，生命中最好的时光，还在前面。"他不顾亲友的反对和他人的嘲笑，毅然决定加盟麦当劳。风险总是与机遇并存。几年后，因为行业竞争越来越激烈，麦当劳公司陷入了史上最低迷的时期，这让麦当劳兄弟萌生了退意。柯洛克也面临着一个艰难的抉择：是退出还是继续？退出意味着他能在余生中悠闲地做个百万富翁，而继续则意味着他将独立承担经营风险，更有可能因破产而变得一无所有。

被渴望做出一番事业的热情鼓舞着，柯洛克最终决定独立经营麦当劳。他以260多万美元从麦当劳兄弟手中买下了麦当劳公司。就在麦当劳兄弟因为及时脱身而窃喜时，柯洛克开始以更科学的管理方式经营麦当劳。尽管时常在资金方面捉襟见肘，但他一直没有放弃努力，他几乎把所有时间都投入到了麦当劳的经营管理中。所有人都惊讶于他竟然能以年迈、带病之躯承担如此大的工作压力。

柯洛克一生都在埋头工作，很少接受媒体采访。在他的严格管理之下，麦当劳用金色拱门内的美味汉堡及亲切的服务，赢得了越来越多的顾客。1965年，麦当劳股票正式上市；1967年，第一家美国以外的麦当劳连锁店开业；到了1978年，即柯洛克逝世前5年，全世界已经有了5000多家麦当劳分店——麦当劳已经成了和万宝路、可口可乐齐名的三大品牌之一，也是当之无愧的国际快餐连锁巨头。

心灵感悟

现实生活中，所有人都会遇到困境，但一些人总能够很快从困境中挣脱，而有些人却在困境中沉沦下去，并将一切归为命运的安排。有时候，一个人能放弃一切，也是需要很大勇气的。既然有这样的勇气，为什么没有勇气与自己的命运抗争，去拼搏一下呢？不经过努力，你又怎么知道你不能令命运有所改变呢？

掌握自己的命运

第四辑

　　命运是人与天地之缘，大宇宙之缘。它无所不在却又无所在。其实，命运不过是失败者无聊的自慰，不过是懦怯者的解嘲。人们的前途只能靠自己的意志和努力来决定，命运负责洗牌，但是玩牌的是我们自己。

掌控自己的命运

年轻的丹上尉出身于一个军人世家，他的祖辈、父辈都是为国捐躯的英雄。多年以来，他一直以为自己会像祖先一样战死疆场，身披国旗下葬。他相信这才是属于他的命运。没想到的是，一场战争夺去了他的双腿，让他不得不用轮椅载着残破的身躯离开战场。

从"战斗英雄"沦落为半截身体的"废物"，这个无情的现实让丹上尉绝望到了极点，他曾一度冒出轻生的念头，但却没有勇气那样做，因为他觉得自己无颜面对天堂里的祖先。

在极度的痛苦和挣扎中，丹上尉堕落了。他整天醉生梦死，纵情取乐，终于花光了所有积蓄。最后，他不得不靠领取微薄的救济金勉强度日。在狭小、破旧的公寓里，他每天都在痛恨自己，他诅咒那场战争，他憎恶那些冷眼旁观的人；他讨厌这个城市，埋怨这个国家；他甚至责怪那个曾经救过他一命的士兵。因为在他眼里，是那个士兵改变了他的命运，让他丢掉了本该属于自己的荣耀。

有一天，一个青年突然出现在丹上尉面前，这正是那个救过他的士兵。丹上尉向士兵发泄着自己的不满，但士兵真诚地对他说："你永远是我的上尉！"这个尘封已久的称呼稍稍唤起了丹上尉的自尊和自信。士兵告诉丹上尉，他要去海边捕虾，并邀请丹上尉一起去。丹上尉没有马上答应，不过，不久之后，他终于做出了决定。

起初他们做得很糟糕，因为他们的行动总是比那些经验丰富的渔民慢一步。很多天过去了，他们几乎没有任何收获，但他们仍然坚守着自己的渔船。他们坚信自己会迎来胜利的曙光。这时，一场突如其来的飓风改变了他们的命运。

在飓风到来之前，得到消息的渔民们早把渔船开进码头躲了起来。然而，早就在战场上看惯生死的丹上尉根本没有躲避这场灾难的打算。飓风来了。在雷电和风暴之中，丹上尉紧紧攀附在桅杆上，一边向怒吼的大海发出疯狂的挑衅，一边指挥着仅有的一名"士兵"。他们的渔船在惊涛骇浪中颠簸飘摇，随时都有覆灭的危险……

雨过天晴之后，人们惊讶地发现，所有停靠在码头的渔船都被撞烂了，只有一条渔船幸存了下来，那就是丹上尉和士兵的渔船。

接下来的事情就顺理成章了：丹上尉和士兵靠捕虾赚了很多钱，又买进了更多的渔船，成立了自己的渔业公司；后来他们又投资了一家科技公司，并赢得了丰厚的回报。几年后，两个人都成了千万富翁。

对丹上尉来说，赚了多少钱并不重要，重要的是他又重新找回了勇气和自信。改变自己的命运、找回自我的荣耀才是他最大的收获。当再度回忆起那段不堪的往事时，丹上尉经常会因为自己曾经丧失勇气和自信而感到后怕，他惊讶于命运的转变竟会如此奇妙。他对自己说："你终于可以带着荣耀去见祖先了。"

说到人生，很多事情似乎都是不可避免的，不管是生来如此，还是后天遭遇的不幸，贫穷和身体的缺陷都不是我们想要的。但我们可以调整自己的心态，提升自己的正向能量，避免因此陷入绝望的漩涡。

心灵感悟

我们的衣衫可以褴褛，身体可以有缺陷，但我们不能让负能量侵蚀我们的意志，我们的灵魂不能卑微。境遇往往随着人内心的强大而改变，任何人都可以做自己的贵族。

毒贩与牧师

一个毒贩被警察追捕甚紧，逃躲到一间教堂里。他盘算着警方一定不会想到教堂里会藏有毒品。便请求教堂里的老牧师，对他说希望能够把自己的一些私人物品藏在教堂的钟楼上。

虔诚的老牧师一口回绝了毒贩的请求，并要他马上离开这里，否则就报警。

"如果你答应我的请求，我会报答你的善行的，给你十万元。"毒贩再次请求道。

"不。"老牧师坚定地说。

"二十万呢？"

"没有商量的余地，请你马上离开教堂。"

"五十万好吗？"毒贩仍不死心。

老牧师一把将毒贩推到门外，大发雷霆道："快给我滚出去吧，你给的价钱快接近我心中的数目了！"

天道酬勤

曾国藩是中国历史上最有影响的人物之一，然而他小时候的天赋却不高。有一天在家读书，对一篇文章重复不知道多少遍了，还在朗读，因为，他还没有背下来。这时候他家来了一个贼，潜伏在他的屋檐下，希望等读书人睡觉之后捞点好处。可是等啊等，就是不见他睡觉，还是翻来覆去地读那篇文章。贼人大怒，跳出来说，"这种水平读什么书？"然后将那文章背诵一遍，扬长而去！

贼人是很聪明，至少比曾先生要聪明，但是他只能成为贼，而曾先生却成为毛泽东主席都钦佩的人："近代最大丈夫的人。"

"勤能补拙是良训，一分辛苦一分才。"那贼的记忆

迎难而上做了不起的自己

力真好，听过几遍的文章都能背下来，而且很勇敢，见别人不睡觉居然可以跳出来"大怒"，教训曾先生之后，还要背书，扬长而去。但是遗憾的是，他名不见经传，曾先生后来启用了一大批人才，按说这位贼人与曾先生有一面之交，大可去施展一二，可惜，他的天赋没有加上勤奋，变得不知所终。

心灵感悟

伟大的成功和辛勤的劳动是成正比的，有一分劳动就有一分收获，日积月累，从少到多，奇迹就可以创造出来。

被自己淘汰

朋友从英国回来以后，反复地对我说起英国的赛车公司，让我很莫名其妙。

我问他为什么老是说起赛车公司，他说要不是被赛车公司淘汰掉，他现在已经被英国一家大公司聘为总裁助理并负责开发国内市场了，我继续莫名其妙，他只好把故事完整地讲给我听：原来朋友在英国伦敦大学进修工商管理专业期间，曾经参与过伦敦大学的专业论文评选。朋友的论文很被英国企业界一些成功人士看好。英国皇家某大公司的总裁亲自点名要他参加该公司一年一度的职位竞选。我的朋友看完了该公司的简介以及空缺的职位以后，决定竞争较为激烈的总裁助理一职。

面试答辩等一些程序全部完毕以后，我的朋友和另外四个对手进入了最后的决赛。决赛分两个步骤，第一步是做上任第一天的工作安排。我的朋友在国内曾在某行政单位做过管理工作，朋友以他的完美的思维和东方人的谦虚赢得了赞美，结果他和另一位年轻的选手胜出。第二步考查他们的内容竟是赛车，在接到那把车钥匙之前我的朋友无论如何也想不到第二步考查的内容会是这样。朋友的车技不错，速度很快超过那位对手，但不幸的是他的路线出现了堵车，朋友等了一会儿，看到后面对手的车也跟了上来，为了能尽快甩下对手，他看了目的地地图，把车调回头去走另外一条路，结果是那位对手耐心等到赛车结束。而我的朋友因为走得太远了，当他到达目的地时对手早已经到达。他被公司淘汰。

那位总裁对他说："你的性格在驾车时已经流露出来，一个人耐心地等塞车通了，那么他在工作中即使遇到危机，也能理性地去解决，自我控制和有原则对于总裁助理这个职业很重要。希望你能明白你失败的原因。"

我对他说原来你被赛车公司淘汰了，朋友严肃地对我说："其实不是被赛车公司淘汰了，而是被自己淘汰。"我仔细地想了一下，是这样。

 心灵感悟

在追求收获的道路上，必须一步一个脚印，没有任何捷径，偷奸取巧到头来只会害了自己。

59

迎难而上做了不起的自己

还有一个苹果

曾经有人讲过这样一个耐人寻味的故事：一场突然而来的沙漠风暴使一位旅行者迷失了前进方向。更可怕的是，旅行者装水和干粮的背包也被风暴卷走了。他翻遍身上所有的口袋，找到了一个青青的苹果。"啊，我还有一个苹果！"旅行者惊喜地叫着。

他紧握着那个苹果，独自在沙漠中寻找出路。每当干渴、饥饿、疲乏袭来的时候，他都要看一看手中的苹果，抿一抿干裂的嘴唇，陡然又会增添不少力量。

一天过去了，两天过去了。第三天，旅行者终于走出了荒漠。那个他始终未曾咬过一口的青苹果，已干巴得不成样子，他却宝贝似地一直紧攥在手里。

在深深赞叹旅行者之余，人们不禁感到惊讶：一个表面上看来是多么微不足道的青苹果，竟然会有如此不可思议的神奇力量！

是的，这是信念的力量！这是精神的力量！信念，是成功的起点，是托起人生大厦的坚强支柱。在人生的旅途中，不可能总是一帆风顺、事随人愿。有的人身躯可能先天不足或后天病残，但他却能成为生活的强者，创造出常人难以创造的奇迹，这靠的就是信念。对一个有志者来说，信念是立身的法宝和希望的长河。

信念的力量在于即使身处逆境，亦能帮助你扬起前进的风帆；信念的伟大在于即使遭遇不幸，亦能召唤你鼓起生活的勇气。信念，是蕴藏在心中的一团永不熄灭的火焰。信念，是保证一生追求目标成功的内在驱动力。信念的最大价值是支撑人对美好事物孜孜以求。坚定的信念是永不凋谢的玫瑰。

心灵感悟

我命在我，不在天。

相信自己永远不会被击倒

在南美西部地区有一个神秘的溶洞，曾经有很多来自世界各地的探险者进入这个溶洞探险，但他们之中的大多数再也没从洞里走出来。有一天，一个地质学教授带着两个学生来到这里。他们是一所大学的研究人员，准备深入考察这个溶洞的地貌。当地人警告他们，这个溶洞非常危险，但他们还是进入了溶洞。

3个人的考察小队在漆黑的溶洞里摸索着前进，一个学生在前面探路，另一个学生在后面小心地做着记号。十几个小时过去了，他们已经非常疲惫。这时，他们突然发现前方有一片亮光，当他们走近那片亮光才发现，那里竟然有一个足有两个足球场大的水晶岩洞！他们兴奋地在洞里来来回回

地走，尽情欣赏着璀璨夺目的水晶。

当他们的心情平静下来以后，那个负责做记号的学生忽然惊叫道："糟糕！刚才我忘记做记号了！"一行人顿时大惊失色。这个大岩洞四周有上百个大小各异的洞口，就像一个可怕的迷宫，他们已经找不到来时的路了！两个学生面如死灰，绝望地坐倒在地。

教授一脸镇定地在众多洞口前搜寻。不一会儿，他惊喜地喊道："这儿有一个记号！"这个声音一下子唤起了两个年轻人的希望，他们高兴得跳了起来。最后，三人决定立刻沿着记号返回地面。

这一次，教授主动走在了队伍前面，他借着微弱的手电光寻找着记号。年轻人则小心地跟在后面，在黑暗里摸索前进。每走上一段，教授就会说一声："记号在这里！"

除去休息、进食的时间，他们已经走了20多个小时的路程，但却仍然没有找到溶洞的出口。一个学生怀疑地说："这条路是正确的吗？我一路做着记号进来，但对现在这条路没有一点印象。"

另一个学生安慰他："没有问题的。人很容易在黑暗环境里产生幻觉，要知道，咱们已经在黑暗里走了20多个小时了！"

教授没有参与学生的讨论，只在前面不停地说："记号在这里……"

就这样，继续走了十来个小时以后，在手电筒的电量即将耗尽时，一行人终于见到了洞口的亮光。在刺目的阳光下，那两个学生激动得拥抱在一起，哭了起来。教授拍着他们的肩膀，轻声地安慰着他们。片刻后，当两个学生抬起头来看到教授的手时，突然目瞪口呆。他们看到，教授的手掌里握着一块被磨去半截的石灰石。

"任何时候都不要放弃希望，"教授意味深长地说，"只有自己才能帮助自己。"

心灵感悟

只有自己才能帮助自己。内心强大的人，面临的困难越大、所受的挫折越多的时候，他的斗志反而会越旺盛，越会生出不达目的誓不罢休的决心和勇气。这时，他往往能表现出远超平时的智慧和能力。

63

我没有什么不能做的

汤姆·邓普西生下来的时候就只有半只左脚和一只畸形的右手，然而，他的父母从未露出半点忧伤，没有给他施加任何压力。相反，父母的细心呵护让邓普西感受到了家庭的温暖，他也从未因自己的残疾而感到不安。

通过自身的努力，邓普西几乎能做到健全男孩所能做的任何事情，甚至在某些方面，邓普西还表现出了他特有的天分——他能把橄榄球踢得比别的男孩子都远。

后来，穿上专门定制的鞋子后，邓普西参加了踢球测验，并且得到了成为职业球员的机会。可是，一名教练告诉他：

迎难而上做了不起的自己

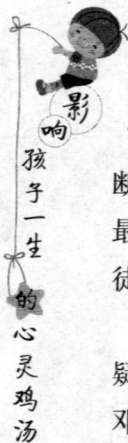

"你不具备做职业橄榄球员的条件。"不仅如此，教练还不断地劝他去试试其他的事业。面对困难，邓普西没有放弃，最后，通过自己的努力申请，邓普西终于加入了新奥尔良圣徒队。

尽管教练对这个手脚都有缺陷的年轻人抱着很大的怀疑，但还是被他的自信和诚恳深深地打动了。两个星期之后，邓普西参加了一次友谊赛，他在 55 码外成功踢进了一球，使教练开始对他刮目相看。在接下来的赛季中，邓普西共为他的球队贡献了 99 分。

邓普西一生中最重要的一次比赛到来了。那天，球场上坐了 6.6 万名球迷。当比赛只剩下了几秒钟的时候，他的球队还以 1 分之差落后于对手。坐在替补席上的邓普西焦虑不安。当球队把球推进到 45 码线上的时候，教练做出了换人的决定。"邓普西，进场踢球！"教练大声叫道。或许，他在整个余生里都会为当初做的这个决定而庆幸。

上场以后，通过目测，邓普西知道他的位置离得分线足有 55 码远。当队员把球传到他脚下时，邓普西用尽全身的力气踢出了一脚，皮球径直向得分线飞去。看着皮球在空中飞行的轨迹，全场 6.6 万名球迷顿时都屏住了呼吸，所有人都在那几秒里做着无数的猜想。

最终，球在球门横杆之上几英寸的地方越过。得分线上的裁判举手示意：3 分！邓普西的球队以 19 比 17 反败为胜！顿时，球队的球迷们彻底疯狂了。整个球场也欢声雷动，所有见证这个奇迹的人都情不自禁地流下了感动的泪水。因为，这个超远距离的进球，是由只有半只左脚和一只畸形右手的球员汤姆·邓普西踢出来的！

在谈及成功秘诀的时候，邓普西从容地说"我的父母从来没有告诉我，我有什么不能做的！"

成功学家安东尼·罗宾曾经说过："每个人身上都蕴藏着一份特殊的才能。那份才能犹如一位熟睡的巨人，等待着你去唤醒他。上天不会亏待任何一个人，他给我们每个人以无穷的机会去充分发挥所长。我们每个人身上都藏着可以'立即'支取的能力，借这个能力我们完全可以改变自己的人生，只要下决心改变，那么，长久以来的美梦便可以实现。"

心灵感悟

强大的自信是战胜一切困难的信念，相信自己的人，勇于挑战各种困难。

挑战困难是成就自我的起点

有两个乡下人准备到城里去闯荡。他们其中一个人买了前往纽约的车票，而另一个则买了前往波士顿的车票。到了车站的时候，他们从别人的口中了解到纽约人非常冷漠，就连指路都想收钱；而波士顿人特别质朴，富有爱心和同情心。在了解到这样的情况之后，那位准备去纽约的人心想：还是波士顿好，挣不到钱也饿不死，幸亏还没去纽约，

迎难而上做了不起的自己

不然真是掉进了火坑。而那位准备前往波士顿的人也在想：还是纽约好，给人带路都可以挣到钱，幸亏还没上车，不然就失去了致富的机会。在不经意间，这两个人相遇了，他们愉快地互换了车票，原来要去纽约的前往了波士顿，而那个打算去波士顿的则去了纽约。

当到了波士顿之后，那个原本去纽约的人发现，这里果然非常好。他初到那里的一个月时间里，什么事情也没有做，照样没有饿着，因为大商场里有欢迎品尝的点心，可以白吃，而银行大厅里的水可以白喝。他非常庆幸自己做出了正确的选择。

那个本来去波士顿的人在到了纽约之后也发现，纽约到处都是发财的机会，只要想点儿办法，再花点儿力气就可以过上衣食无忧的生活，于是，他开始憧憬自己美好的未来。在此之后，他不断暗示自己能够取得成功。终于有一次，他凭着自己的商业头脑，将在建筑工地上装的 10 包含有沙子和树叶的土壤，以"花盆土"的名义，卖给了那些没有好泥土而又喜爱花草的纽约人。就在这一天之内，他在城郊之间往返了 6 次，由此净赚了 50 美元。此后他开始发迹。短短一年的时间里，他竟然凭借着"花盆土"拥有了一间小小的店面。

再后来，这个人办了一家清洗公司，他不断努力寻找商机，很快他的公司发展成为一家拥有 150 多名员工的中等规模公司，业务也发展到了附近的几个城市之中。

一次偶然的机会，他坐火车前往波士顿旅游。就在路边上，一个乞丐伸手来向他乞讨，于是他掏出了一张钞票递到了那个人的手中。就在那个乞丐抬头接钱的时候，两人都愣住了，因为就在多年以前，他们曾经换过一次车票。

两个农村人，一个不思进取，乞讨度日，一个人从问题中发现成功的机会，从同一地点出发的两个人因为对自己未来预想的不同态度而走出了两条完全不同的人生道路。因为前者从来没有给自己一种对于未来美好的想象，他不知道自我暗示是可以实现突破的。而后者则是幸运的，正是他在头脑中对于未来的想象，让他明确了自己未来发展的道路，也确定了此后的人生目标，正是在这样一个人生目标的指引之下，他从一个一无所有的人逐步成长为一个企业的老板，实现了自己的人生目标。

心灵感悟

竞争让社会进步，生活需要竞争。战胜困难的同时，你会收获一份成功。

让成功主动来敲门

齐瓦勃出生在美国乡村，小时候家中一贫如洗，他只上过几年学。15岁那年，齐瓦勃就到一个山村做了马夫。然而雄心勃勃的齐瓦勃并不甘心自己的人生一直如此，他有自己的梦想——做一个优秀的人。所以，他无时无刻不在寻找着更好的机会。

3 年后，齐瓦勃来到钢铁大王卡内基所属的一个建筑工地打工。刚一踏进建筑工地，他就听到很多人正在抱怨工作太辛苦，一些人因薪水低而怠工，齐瓦勃当时就决定要成为所有同事中最优秀的人。

于是，他自学建筑知识，并默默地积累着工作经验。工人当中，有些人总是会嘲讽挖苦齐瓦勃，认为他太傻，也没有必要为了讨好老板而如此勤奋。齐瓦勃却回答说："我不是在为老板打工，更不单纯为了赚钱，我是在为自己的远大前途打工，为自己的梦想打工。我们只能在业绩中不断提升自己，要使自己工作所产生的价值远远超过所得的薪水，只有这样我才有机会被重用，也才有可能能获得机遇！"

一天晚上，大家和往常一样都在闲聊，唯独齐瓦勃躲在角落里看书。恰巧那天公司经理到工地检查工作，他在众多闲聊的工人堆中，一眼就发现了专心致志读书的齐瓦勃。经理走了过去，看了看齐瓦勃手中的书，又翻开了他的笔记本，什么也没说就走了。

第二天，经理把齐瓦勃叫到了办公室，问他："工人只要努力做活就可以了，你学那些东西干什么？"齐瓦勃说："我想我们公司并不缺少打工者，缺少的是那些既有工作经验，又有专业知识的技术人员或管理者，对吗？"经理点了点头。不久，齐瓦勃就被升任为技师。不断学习、不断提升自己的齐瓦勃一步步升到了总工程师的职位上。

就这样，25 岁那年，齐瓦勃做上了这家建筑公司总经理的位置。

几年后，齐瓦勃被卡内基任命为钢铁公司的董事长，毫无疑问，他早就已经是一个非常优秀的人了。

齐瓦勃之所以能够成功主要还是因为他能够主动提升自我，不断增强自身吸引力，让成功主动来"敲门"。可见，只要你不断地提升自我，很多你想要的东西都会被你吸引过来。所以，懂得提升自我的人往往都能够增强自身的吸引力。

心 灵 感 悟

如果想要在这个社会上立足，我们就一定要掌握提高办事能力的方法，因为只有我们自身变得强大，才有足够的资本去吸引成功的青睐，也才有可能吸引来你想要的一切。

虚掩着的门

在 1968 年的墨西哥奥运会上，美国选手吉·海因斯以 9．95 秒的成绩打破了男子百米赛跑的世界纪录。当时的摄像镜头记录了他在撞线后回头看了一眼记分牌的情景。画面里的吉·海因斯摊开双手说了一句话。这一情景后来通过电视网络，至少被全世界的好几亿人看到。但是，由于当时他身边没有话筒，没有人知道海因斯到底说了句什么话。

1984 年，洛杉矶奥运会前夕，一位叫戴维·帕尔的记

者在办公室回放奥运会的资料片。当再次看到海因斯的镜头时，他想，这是历史上第一次有人在百米赛道上突破 10 秒大关，海因斯在看到纪录的那一瞬，一定替上帝给人类传达了一句不同凡响的话。而这个让人兴奋的新闻点，竟被墨西哥奥运会上的 400 多名记者给漏掉了，这真是莫大的遗憾。于是他决定去采访海因斯，问他当时到底说了句什么话。

凭借做体育记者的优势，戴维·帕尔很快找到了海因斯。但当他提起 16 年前那个场景的时候，海因斯一头雾水，他甚至否认当时说过话。戴维·帕尔说："你确实说话了，有录像带为证。"海因斯打开帕尔带去的录像带，笑了，说："难道你没听见吗？我说，上帝啊！原来这扇门是虚掩着的。"

谜底揭开之后，戴维·帕尔接着对海因斯进行了采访。针对那句话，海因斯说："自从欧文斯创造了 10.3 秒的成绩之后，医学界断言，人类的肌肉纤维所承载的运动极限不会超过每秒 10 米。看到自己 9.95 秒的纪录后，我惊呆了，原来 10 秒这个门不是紧锁着的！所以我说：'上帝啊！原来这扇门是虚掩着的！'"

海因斯的故事还告诉我们，决定一个人能否成功的并不在于那一两个成功学的道理，而在于你有没有足够的能量去推开成功这扇虚掩的门。

　　在追求成功的道路上，很多人都会感到迷茫、沮丧，这是因为消极的思维限制住了他们内心隐藏的能量的爆发。一个拥有通向成功魔力的人，即使是在最困难的时候，他内心深处的坚持也不会有任何动摇，他身上那种能够征服所有人的正能量依旧在发出声音——我一定能够获得自己梦寐以求的成功。

"过目成诵"的苏东坡

　　苏东坡是北宋时期著名的文学家，他才学过人，据说能"过目成诵"。

　　一天，一个朋友来看望苏东坡。可是他等了很久，也不见苏东坡出来，便问管家道："你家主人在做什么？"管家解释说："我家主人正在书房抄写一些东西……"朋友不解地问："抄什么东西这么重要？"这时苏东坡出来了，他见朋友等了半天，便满怀歉意地说："我正在抄写《汉书》，让你久等了。"朋友疑惑地问道："以你的天赋，简直是过目成诵，还用得着抄写吗？"苏东坡笑了笑说："过目成诵，只是个传说罢了。我从开始读《汉书》到现在，已经抄写三遍了。""三遍？以你的聪明禀赋，用得着那么费力吗？"朋友大吃一惊。

苏东坡不慌不忙地解释道："一个人即使再聪明，要把文章背下来还是要花很大的工夫啊。只不过我花的时间比别人短一些罢了。""你有什么窍门？"朋友好奇地问。"我抄书和别人不太一样，并不是全部抄写，而是抄第一遍时每段抄三个字，抄第二遍时每段抄两个字，抄第三遍时每段只抄一个字就行了。这样三遍抄下来，就基本上能背诵了。"

朋友不大相信，说要考验苏东坡一下。于是他在《汉书》里随便挑了几个字，结果苏东坡都一字不差地背出了相关的段落。朋友不由得点头赞叹。

心灵感悟

苏东坡成才的重要法宝就是勤奋。他之所以能"过目成诵"，并不是天生的，而是靠勤学苦练、饱读诗书得来的。同样，当我们看到别人取得成功的时候，千万不要忘了，他是靠流血流汗、刻苦拼搏才取得这样的成绩的。

六十二 美分和决心

许多年前，我到辛辛那提的一家书店里买书。这时，一个小男孩走了进来，问有没有地理书。"有很多。"店员回答说。"多少钱一本？""一美元。""天！太贵了！"男孩沮丧地走了。不久他又走了进来，恳切地对店员说："我只有六十二美分，能不能先让我把书拿走，余下的，我一定尽快补上。"他得到的是"No"的回答。他向我苦涩地笑笑，走了出去。我追了上去。"现在你准备怎么办？"我问他。"去别处碰碰运气吧！""你介意我与你一块儿去吗？""只要你愿意。"我们一同去了四家书店，而我四次看到了男孩同样失望的表情。"还要试吗？""是的，在跑完城里所有书店之前我是不会放弃的。"

　　当我们走进第五家书店后，男孩直接走到柜台旁对店员说了他想要的书和他只能支付的钱。"你是不是非常想要这本书？"店员问。"是的，非常想要。""为什么？""为了学习。我没有上学，但我想买书在家里自己学。我的父亲是一名水手，我想认识他所去过的地方。"

　　"他仍在航行吗？"店员问。"不，他已经过世了。"男孩陷入痛苦的回忆中，"长大了，我也要当一名水手。""那么，我现在给你两个选择：一是你付出你所有的钱，我给你一本崭新的地理书；二是我给你一本旧的，但只收你五十美分。""你能保证那本旧书没有缺页，只是旧了些么？""是的，孩子。""好的，就买那本旧的。剩下的十二美分我还可以买别的！太好了，终于不用再跑了！"听了最后一句话，店员好奇地望着男孩，我便把整个故事告诉了他。看着男孩兴奋的样子，店员又送给他一支漂亮的铅笔和一沓稿纸。"一点小小的意思，勇敢的人！""谢谢您，先生。""孩子，能告诉我你的名字么？""威廉·哈特利。"

　　出了书店，男孩的脸上又泛起了失望的表情，我问："你

是不是还想要别的书？""嗯，还有很多。""这些钱你拿着，去买你想要的书！"顿时，泪水充满了他的眼眶："谢谢您，先生。威廉·哈特利会报答您的。"

许多年后，我坐船去欧洲。一路上都是风和日丽，但快到目的地时，突然遭遇了暴风雨。船体已经开始进水了，水手们经过一夜奋力拼搏之后，还是不能阻止船进水。有人要放弃，但船长站了起来，鼓励水手们不要停下，继续抽水。然后，他带头干了起来。当船长来到我旁边的时候，我对他说希望船可以安全到达。他对我说："是的，先生。对我们每一名水手来说，能站在大海之上，是无上的光荣。只要船没有沉，我和其他船员就不会放弃，我们一定会挽救这艘船的。"随后，他又向乘客们大喊："先生们，让我们干起来吧！"这一天内，我们有三次几乎就要放弃了，是船长一次又一次地鼓励大家说："我们一定会安全登上利物浦港口的，所有人都会！"

最后，船安全地驶进利物浦港。人们纷纷去向那位船长道谢，当我走近他时，他一把拉住我的手，问："先生，还记得我吗？"

我茫然地摇了摇头。

"那，还记得三十年前辛辛那提的买书小男孩么？"

"怎么会忘记呢，他很可爱，叫威廉·哈特利。"

"我就是威廉·哈特利。"

"天啊！哈哈，我的船长，三十年的时间仍没有削弱你那可敬的决心！"

　　成功需要不断的实践，在实践中克服一个个困难，当你发现所有困难都被你征服的时候，成功就在你的脚下。

鲁班学艺的故事

　　鲁班十二岁时，听说终南山上有一位本领高超的木匠，就决定去那里拜师学艺。这一天，鲁班辞别父母，翻过一座座高山，趟过一条条小河，历尽千辛万苦来到了终南山顶。

　　等鲁班拜见了木匠师父后，师父推给他一个箱子，说："跟我学手艺，就得用我的工具。可我已经很多年没用这些家伙了，你拿去修理修理吧！"鲁班打开箱子一看，那斧头又锈又钝，刨子长满了锈，是该好好修理一下了。鲁班二话没说，卷起袖子就磨了起来。他白天磨，晚上磨，一连磨了七天七夜，斧子才锋利了，刨子也光滑了。

　　当鲁班把斧头递给师父看时，师父点头笑笑说："现在试试你磨的这把斧子，你去把门前那棵大树砍倒。"鲁班拿着斧头来到树下，呀，那棵大树可真粗，恐怕几个大人都抱不过来呢！不过，他没有被吓倒，抢起斧头就砍，足足砍了十二天，才把树砍倒。

　　鲁班进屋见师父，师父又让他把大树刨得光光的。鲁班拿着斧头和刨子来到门前。他先用斧头砍去了大树的枝

75

迎难而上做了不起的自己

丫,然后用刨子刨了几天几夜,才把那根大树刨得又圆又光。

师父看了后笑着说:"你真是个不怕吃苦的好孩子,我一定把我全部的手艺都传给你!"从此,鲁班跟着师父苦学了三年的手艺,最后成了一个能工巧匠!

师父之所以先让鲁班磨斧子、磨刨子、砍树,一是为了考验鲁班的耐力和勤奋劲儿,二是为了让鲁班得到锻炼,为学好手艺做准备,因为做木工活儿需要具有耐力和刻苦的精神。我们在平时也应培养自己吃苦耐劳的品质,这样才能做成大事。

心灵感悟

只有勤奋的人才能够获得成功。

求画

有个人叫王好名,最爱收藏名人书画。有一天,他无意间得到了一把珍贵的古扇,高兴极了。他想:"假如扇面上再配上唐伯虎的画,就十全十美了!"

为了实现这一愿望,王好名立即动身去苏州,求唐伯虎题画。到了苏州附近,王好名在摆渡船上遇到了一个年轻的书生,两人一见如故。书生见他手里紧攥着一把扇子,像宝贝似的,便问:"兄台,请问这扇子是……"王好名得意地说:"我这次跑这么远,就是想求大才子唐伯虎在我

的宝扇上题画的。"说着，他把扇子小心翼翼地递给书生。书生看过扇子，笑道："扇子倒是把好扇，千年难得。只是听说唐伯虎外出访友去了，一时回不来。"王好名听了，一下子泄了气，说："那怎么办啊？我大老远跑来，不能就这么回去了吧！"

书生见他确是诚心求画，便说："兄台如不嫌弃，容小弟给你画上几笔如何？"王好名不好意思拒绝，就勉强答应了。书生取来笔墨，瞬间便勾勒出了三只栩栩如生的河虾。王好名一看，画功确实一流，可一想到自己是来求大才子唐伯虎题画的，现在好好一把宝扇却给一个无名书生糟蹋了，不由得越想越生气。

书生见他一下子变了脸，赶紧说："兄台，如果你不满意，那我把它洗掉吧。"说完，他俯下身子，把扇子伸向水中，轻轻抖了抖。奇迹出现了！那三只河虾居然一个个活蹦乱跳地跳到水中，眨眼间就全游走了！王好名看得瞠目结舌，半天没回过神来。

船到岸时，书生把扇子还给王好名，说："兄台只求虚名，不求好画，恐怕等一个月，唐伯虎也不会给你作画的。"说罢扬长而去。王好名这才如梦初醒，后悔莫及。

心灵感悟

这个喜欢收藏名人书画的人并不是真心求画，他只是想借唐伯虎的名声来满足自己的虚荣心，因此很难得到真正有价值的东西。我们应注意不要过度爱慕虚荣，和他人比吃比穿，这样将使我们丢掉很多真正有价值的东西。

迎难而上做了不起的自己

认错的勇气

上课的铃声响了，老师走上讲台，同学们立即起立向老师敬礼。当大家坐下来时，只有任星星同学依旧站着，生气地望着身边的椅子。

大家奇怪地望着他，探头一看，原来不知是谁搞的恶作剧，在他的椅子上吐了一口痰。老师走过来，看了看椅子，脸色都变了。他回到讲台上，猛地一拍讲台，大声问："是谁干的？"我们吓了一跳，谁也没见过一向和蔼的老师这样生气。"是谁？主动站起来承认！"老师的声音更高了。教室里静悄悄的，连呼吸声似乎都听得到。

这时，坐在任星星旁边的一个女生慢慢地站了起来。难道是她——中队长宋婉芸？不会，她可是助人为乐的典范，老师的得力助手，每次中队会的活动都少不了她的身影。她会干出这种事？大家都惊呆了，老师也惊讶得说不出话来。

她低着头，怯怯地用沙哑的声音说："对不起，我这几天感冒……我……不是故意的。"说完，她慢慢地走到任星星的旁边，用手绢轻轻地擦去痰，再用卫生纸把整个椅子擦了擦。做完这一切，她向任星星点了一下头，满脸歉意。

老师带头鼓掌，全班掌声如雷！宋婉芸同学因为感冒，不留神将一口痰吐在同学的椅子上，面对老师的大发雷霆，当着全班的面，她勇敢地站起来，承认了此事的经过。掌声则表达了老师和同学们对她"吐"这口痰的谅解，更是对她"处理"这一口痰的称赞。

　　人人都可能犯错误，但并不是所有的人都敢于承认错误，毕竟这会使自己很难堪。但是只要你勇敢地迈出这一步，你的内心就能变得豁然开朗，而他人也会原谅你的过失。同样，当他人不小心犯了错误时，我们也要以宽容的心态去原谅他们。

我的笑是新的

　　周末无事，我和三哥随大哥到他扶贫的乡村去送扶贫款。行进了三个小时，我们终于到了那个名字很好听的村子——水寨乡。

　　大哥扶贫的村子真的很穷，老乡们吃水还是用那种手压的抽水井，根本不像村子的名字那样，有着潺潺的流水。整个村子的房屋透着一种神秘的古朴。或许村里很少有外地人来，所以我们一下车就有几个唧唧喳喳的孩子过来看热闹。当我们走进一个青石板铺成的小院时，身后一个小男孩窜到我们跟前说："这是我家，你们多待一会儿吧。"然后，他冲着院内大喊："妈，来人了……"

孩子的惊喜和热情感染了我们，我急忙拿出相机，对小男孩说："阿姨给你照相吧。"小男孩欢呼着，还像模像样地摆出了抬头挺胸的样子。谁知我还没有调好焦距，小男孩的妈妈就过来拉他说："鞋子都没有穿好，裤子和衣服脏得要命，快别照了……"小男孩机灵地一蹦就躲开了，他一边躲，一边说："旧衣服旧裤子，旧旧旧，可我的笑是新的……"我和三哥大笑起来，但片刻之间，我们都止住了笑，相互对视了一眼——孩子说的什么？我的笑是新的！

三哥拿过我手中的相机，为孩子照了许多照片，因为孩子脸上那灿烂的笑容，更因为他那脱口而出的颇有意味的话：我的笑是新的。

虽然小男孩的衣服很旧，生活的环境也很差，但他脸上的笑是新的，他的梦想是新的，那么他所拥有的，就是一种"新"的生活！

心灵感悟

在艰苦的生活环境中，只要我们也能拥有崭新的梦想，满怀着希望，我们的内心就会充满幸福。

骨气是笔大财富

乔的父亲罗曼，在证券交易所是一名普通职员，不多的一点工资，一半用于生活费，一半用来接济比他们还穷的

亲戚，日子过得紧巴巴的。

可能在这座小城里，唯一没有汽车的，就是他们家了。

但母亲常常安慰家里人说："做人要有骨气。一个人有了骨气，就有了一笔珍贵的财富。怀着希望生活，这就等于有了一大笔精神财富。"

在城市的市节那天，一辆崭新的别克牌汽车吸引了全城人的目光。这辆车作为奖品，在大街上那家最大的百货商店橱窗里展出，定在当晚以抽彩的方式馈赠给得奖者。

即便他们那么想拥有一辆汽车，也没有想到幸运女神会突然眷顾他们。所以，当高音喇叭宣布父亲为这辆彩车得主时，乔简直不敢相信自己的耳朵。

父亲缓缓地开车驶过人群。好几次，乔很想上车同父亲分享幸福的时刻，都被父亲赶开了。最后，父亲竟然吼道："滚一边去，让我清静一下！"

乔感到委屈极了，而且对父亲获奖后的反应大惑不解。他为什么会那么烦躁呢？得到了期待已久的汽车是一件多么让人兴奋的事情啊。乔向母亲诉说了自己的苦恼。母亲对父亲十分了解，她温柔地说："你误会你父亲了，他正在考虑一个道德问题，我想他很快会找到适当的答案的。"

"为什么？我们中彩得到汽车，难道不道德吗？"乔疑惑地问。

"这就是问题的关键：我们根本就不应该得到汽车。"母亲说。

"不可能！"乔不敢相信自己的耳朵，失态地大叫起来，"爸爸中彩明明是大喇叭里宣布的。"

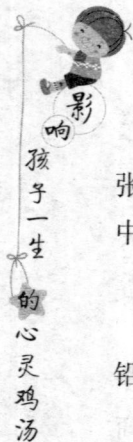

"来，看看这个。"母亲指了指桌上台灯下放着的两张彩票存根。乔看到，存根的号码分别是"348"，"349"，中彩号码是"348"。

"你看看，这两张彩票有什么不同？"母亲说。

乔反复看了几遍，终于发现，一张彩票的角落上有用铅笔写得不太明显的"K"字。

母亲解释说，这 K 字代表一个名字——凯滋克。

"基米·凯滋克？"乔知道凯滋克是爸爸交易所的老板。

"对。"母亲肯定地说。

原来，当初买彩券时，父亲对凯滋克说，他可以给凯滋克代买一张。"为什么不可以呢？"凯滋克随口应道。老板说完就出去了，也许他再也没有想过这事。"348"那张正是给凯滋克买的。

"可是凯滋克是一个千万富翁，他根本就不缺汽车。再说，那两张彩票是同时买的，谁能知道哪一张是凯滋克的呢？"乔仍希望爸爸能留下这辆别克车。

"让你爸爸决定吧，"母亲平静地说，"他知道该怎么做的。"

这时，父亲进门径直去了里间，乔和母亲知道他一定是在给凯滋克打电话。翌日下午，凯滋克的两个司机上门，送给父亲一盒雪茄，然后开走了别克车。

乔一直到成年才拥有了一辆属于自己的汽车，而父亲终于没能等到坐上自家汽车的那一天。但乔逐渐对母亲的那句"人有了骨气，就是有了一大笔财富"的格言有了深刻的理解。回首往昔时，乔才悟出，父亲打电话给凯滋克的时候，才是他们家最富有的时刻。

心灵感悟

　　不属于自己的东西不要挽留。对做人来说，骨气本身就是一笔难以估算的巨大财富。

严守做人这把锁

　　从前，在一个小城里有一位老锁匠，他修了一辈子锁，技术精湛，人们都十分敬重他。更主要的是老锁匠为人正直，每修一把锁他都告诉别人他的姓名和地址，说："如果你家发生了盗窃，只要是用钥匙打开的家门，你就来找我！"

　　老锁匠岁数大了，为了不让他的技艺失传，老锁匠收了两位徒弟。这两个人都很聪明好学，老人准备将一身技艺传给他们。

　　一段时间以后，两个年轻人都学会了不少东西。但两个人中只有一个能得到真传，而这个人一定要具有良好的品德，老锁匠决定对他们进行一次考试。

　　老锁匠准备了两个保险柜，分别放在两个房间，让两个徒弟去打开，以决定谁能继承自己的技艺。结果大徒弟很快就打开了保险柜，大概只用了 10 分钟，而二徒弟却用了半个小时才打开，看来结果已经没有悬念了。老锁匠问大徒弟："保险柜里有什么？"大徒弟眼中放出了光亮："师

迎难而上做了不起的自己

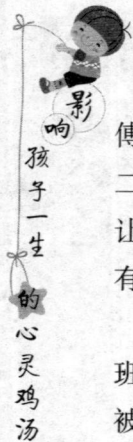

傅，里面有很多钱，全是百元大钞。"问二徒弟同样的问题，二徒弟支吾了半天说："师傅，您只是让我打开锁，并没有让我看里面有什么，我就没看，所以，我……我不知道里面有什么。"话说到最后，他的声音越来越小。

老锁匠笑着点了点头，郑重宣布二徒弟为他的正式接班人。大徒弟不服，众人不解，为什么二徒弟用的时间长却被选中呢？老锁匠微微一笑，说："不管干什么行业都要讲一个'信'字，尤其是我们这一行，要有更高的职业道德。我收徒弟是要把他培养成一个高超的锁匠，他必须做到只看得到锁而看不到钱财。否则，稍有贪心，登门入室或打开保险柜易如反掌，最终只能害人害己。不只是我们修锁的人，每个人心上都要有一把不能打开的锁啊。"人们听了，无不赞服地点了点头。

心灵感悟

每个人心头都有一把锁，这把锁的名字就叫诚信。做人就要死死地守住这把锁。这把锁一旦被破坏，最终只能使自己无路可退。

可以贫穷，但不能失去自尊

拉哈布·萨卡尔，是一个高傲而又善良的人。在处世中，他尽力给予对方最大的尊重。但在华萨尔街上遇到的那件事使他开始重新审视自己。

那天的太阳像是要把地面烤化一样，空气中弥漫着一股股热气。拉哈布正走着，一个瘦得皮包骨头的黄包车夫来到他身边。车夫摇着铃铛，问道："先生，您要车吗？"拉哈布转过头去，发现那个人的目光里似乎包含着期待的神情。拉哈布一直认为以人力车代步是一种犯罪，只有没人性的人才会那么做。他用那粗布缝制的甘地服的袖子擦了擦额头上的汗珠，连声说道："不，不，我不要。"一面继续走自己的路。

黄包车夫却没有放弃的意思，拉着车子跟在他后面，一路不停地摇铃。突然间，拉哈布的脑子里闪出一个念头：也许拉车是这个穷人唯一的谋生手段。拉哈布同情穷苦人，他愿意为他们尽微薄之力。他又一次回头看了看那黄包车夫——天哪，他是那样面黄肌瘦！拉哈布心里顿时对他生出了怜悯之情，他决定帮助这个车夫。

他问黄包车夫："去希布塔拉。你要多少钱？"

"6便士。"

"好吧，你跟我来！"拉哈布继续步行。

"请上车，先生。"

"跟我走吧！"拉哈布加快了脚步，拉黄包车的人跟在他后面小跑。时不时地，拉哈布回头对车夫说："跟着我！"

到了希布塔拉，拉哈布·萨卡尔从衣兜里掏出6便士递给黄包车夫，说："拿去吧！"

"可您根本没坐车呀。"

"我从不坐车。我认为这是一种犯罪。"

"啊？可您一开始就该告诉我！"车夫的脸上露出一种不满的神情。他擦了擦脸上的汗，拉着车子走开了。

"把这钱拿去吧，它是你应得的！"

"可我不是乞丐！"黄包车夫一字一顿地说完，拉着车，消失在街道的拐角处。

心灵感悟

　　尊严是人最珍贵、最高尚的东西，是神圣不可侵犯的。一个人可以没有金钱，但精神上却不可以贫穷，更不可以失去做人的尊严。

公正让我别无选择

　　在世界级的竞技比赛中，人们往往只对最终夺冠的赛事记忆深刻。但在上海举办的世乒赛中，却有一场比赛令人难以忘怀，那只是一场淘汰赛，中国选手刘国正对阵德国选手波尔，胜者进入下一轮比赛，败者只能打道回府。

　　这是一场两强的对决，一时难分胜负。在第7局也是决胜局里，刘国正以12比13落后，再输一分就将被淘汰。就是这关键的一分，刘国正的一个回球偏偏出界了！观众们都屏住了呼吸，不敢相信眼前的一切，刘国正自己好像也蒙了，愣愣地站在那里；波尔的教练已经开始起立狂欢，准备冲进场内拥抱自己的弟子。

就在这一瞬间，波尔却优雅地伸手示意，指向台边——这是个擦边球，应该是刘国正得分。

就这样，刘国正被对手从悬崖边"救"了回来，而且最终反败为胜。

这是一场足以震撼世人的经典之战！不仅是因为双方选手的高超球艺，更因为波尔在关键时刻的那个优雅的手势。

对于波尔来说，夺取世界冠军是他的夙愿，但他却屡屡与其失之交臂。这一次，只要赢下那一分，他就可以顺利晋级，向自己的梦想靠近一步。而这个球是否擦边观众根本看不到，对手也看不太清楚，即便是裁判也可能错判。

但是，波尔却毫不犹豫地选择了主动示意。波尔失利了，但他同时赢得了异国观众雷鸣般的掌声和世人的尊重。

赛后，记者们追问他为何要这么做。他只是轻描淡写地说了句："公正让我别无选择。"

心灵感悟

人生就如一场竞技比赛，只有拥有良好的品德，严格遵守赛场规则的人，才能真真正正地在比赛中获胜。失掉了品德，就注定成为人生赛场上的一名败将。

成熟的麦穗懂得弯腰

有位刚刚退休的资深医生，医术非常高明，许多年轻

的医生都前来求教，并渴望投身于他的门下。

资深医生选中了其中一位年轻的医生，帮忙看诊，两人以师徒相称。应诊时，年轻医生成为得力的助手，资深医生理所当然是年轻医生的导师。

由于两人合作无间，诊所的病患者与日俱增，诊所声名远播。为了分担门诊时越来越多的工作量，避免患者等得太久，医生师徒决定分开看诊。

病情比较轻微的患者，由年轻医生诊断；病情较严重的，由师父出马。实行一段时间之后，指明挂号给医生徒弟看诊的病患者比例明显增加。起初，医生师父不以为意，心中也高兴："小病都医好了，当然不会拖延成为大病，病患减少了，我也乐得轻松。"

直到有一天，医生师父发现，有几位病人的病情很严重，但在挂号时仍坚持要让医生徒弟看诊，对此现象他百思不得其解。

还好，医生师徒两人彼此信赖，相处时没有心结，收入的分配也有一套双方都能接受的标准制度，所以医生师父并没有往坏处想，也就不至于到怀疑医生徒弟从中搞鬼、故意抢病人的地步。

"可是，为什么呢？"他问自己，"为什么大家不找我看病？难道他们以为我的医术不高明吗？我刚刚才得到一项由医学会颁发的'杰出成就奖'，登在新闻报纸上的版面也很大，很多人都看得到啊！"

为了解开他心中的疑团，一个朋友来到他的诊所深入观察。本来这个朋友想佯装成患者，后来因为感冒，也就顺理成章地到他的诊所就医，顺便看看问题出在哪里。

初诊挂号时，负责挂号的小姐很客气，并没有刻意暗示病人要挂哪一位医生的号。

复诊挂号时，就有点学问了，发现很多病人都从师父那边转到医生徒弟的诊室。问题就出在所谓的"口碑效果"，医生徒弟的门诊挂号人数偏多，等候诊断的时间也较长，有些病人在等候区聊天，交换彼此的看诊经验，呈现出"门庭若市"的场面。

更有趣的发现是，医生徒弟的经验虽然不够丰富，但就是因为他有自知之明，所以问诊时非常仔细，慢慢研究推敲，跟病人的沟通较多、也较深入，而且很亲切、客气，也常给病人加油打气："不用担心啦！回去多喝开水，睡眠要充足，很快就会好起来的。"类似的心灵鼓励，让他开出的药方更有加倍的效果。

回过来看看医生师父这边，情况正好相反。经验丰富的他，看诊速度很快，往往病患者无须开口多说，他就知道问题在哪里，资深加上专业，使得他的表情显得冷酷，仿佛对病人的苦痛已然麻痹，缺少同情心。

整个看诊的过程，明明是很专业认真的，却容易使病患者产生"漫不经心、草草了事"的误会。当朋友向医生师傅提出这些浅见时，师傅惊讶地张大了嘴巴："我自己怎么就没有发现！"

这就是麦穗弯腰的哲学，其实，很多具有专业素养的人士，都很容易遇到类似的问题。

他们并不是故意要摆出盛气凌人的高姿态，但却因为地

位高高在上，令人仰之弥高，从而产生了遥不可及的距离感。

别忘了，越成熟的麦穗，越懂得弯腰。

或者，我们也可以来个逆向思考，越懂得弯腰，才会越成熟。

心灵感悟

人，有时就像麦穗，越懂得弯腰，才说明他越成熟。

勇敢源于信任

在火车上，一位孕妇临盆，列车员广播通知，紧急寻找妇产科医生。这时，一个女孩犹犹豫豫地站出来，说她是妇产科的，女列车长赶紧将她带进用床单隔开的"病房"。毛巾热水、剪刀、钳子，什么都到位了，只等最关键时刻的到来。产妇由于难产而非常痛苦地尖叫着。妇产科的女孩子非常着急，却迟疑着不肯动手。列车长搞不清女孩在顾虑什么，赶紧问她遇到了什么困难，如果需要准备什么，她马上吩咐别人去办。女孩子脸上已渗出了汗水，她将列车长拉到"产房"外，说明产妇的情况紧急，并告诉列车长自己没有行医资格，而且她只是一个不合格的妇产科护士，已经在一次医疗事故之后被医院开除了。她实在没有把握，建议立即送往医院抢救。

可列车距最近的一站还要行驶1个多小时。列车长郑重地对她说："无论你以前发生过什么，但在这趟列车上，你就是医生，你就是专家，我们相信你。"

车长的话感动了护士，她准备了一下，走进产房前又问："如果万不得已，是保小孩还是保大人？"

"我们相信你的判断。"

护士明白了。她点了点头坚定地走进"产房"。列车长轻轻地安慰产妇，说现在正有一名妇产科专家准备给她做手术，请产妇安静下来好好配合。出人意料，那名护士竟独自成功地完成了这次手术，婴儿的啼哭声宣告了母子平安。

那对母子是幸福的，因为遇到了热心人；但那位护士更是幸福的，她不仅挽救了两个生命，而且找回了自信与尊严。职业的责任感使她勇敢地承担起重担，大家的信任使她由一个不合格的护士变成了一名优秀的医生。

心灵感悟

他人一个信任的眼神、一句鼓励的话语都可以令我们勇气十足、信心百倍，并向着心中的目标奋勇前行。

崇高与卑劣

有这样一个真实的故事。

加拿大科学家斯罗达博士正与同事们研究和试验两块被放在轨道上的浓缩铀对合的临界质量。就在这时，他拨动

铀块的螺丝刀突然滑掉了，铀块失去了控制，以很快的速度接近着，已经发出了可怕的光。斯罗达博士深知，如果不采取措施，两个铀块相碰，便会爆发出超级的能量而引发可怕的核爆炸。

就在这千钧一发之际，斯罗达博士果断地用双手掰开了马上就要滑到一起的铀块，从而避免了这场即将到来的灾难，而他自己却因此受到高剂量的核辐射，最终献出了宝贵的生命。加拿大政府为了表彰他对人类做出的贡献，把他誉为"用双手掰开原子弹的人"。

下面同样是一个真实的故事。

1994 年 12 月 8 日，新疆克拉玛依的那场火灾夺去了 320 条生命，其中有 288 个花朵般的孩子。

火灾发生时，有的学校的老师和领导却置孩子的生死于不顾，只顾自己逃命。而克拉玛依某小学三 (2) 班的班主任孟翠芬老师，却一直在帮助学生们逃离火场，后来被毒烟熏倒在地。在倒下去的瞬间，她还不忘用自己的身体护住两个没来得及逃离的孩子。当救援人员赶到时，她的头已被烧成了骷髅，可她身下的两个孩子还有一个活着。

在灾难面前，高尚的精神与卑劣的灵魂形成了鲜明的对比。死去的孩子的家长在孟老师的追悼会上深情地说："在学校，把孩子交给您，我放心；在地下，我的孩子跟着您走，我仍然放心！"

事后有人建议为死难者和苟活者同时树碑，为死难者树起的是精神的丰碑，为苟活者立的是耻辱的柱子，从而让人们永远记住哪些人该名垂千古，哪些人该遗臭万年。

我们常说"危难之时显真情"，灾难时刻最可以体现出一个人崇高或卑劣的本性。而最终永不更改的是：崇高的灵魂人们会永远纪念，而卑劣的行径则只会遭到人们的唾弃。

失误，不应该成为虚伪的借口

一位记者在访问英国诺丁汉大学校长、原复旦大学校长杨福家院士时，杨福家院士讲了这样一个故事。美国波士顿大学曾聘请了一位十分著名的教授为传播系主任。这个教授在一次讲课时，讲了一段十分精彩的话，而这段话是他从其他地方看到的，本来他是要交代这段话的出处的。但教授刚讲完那段话，下课铃就响了，教授便下课了。在西方的许多著名大学，要求学校的每个老师和学生不能以任何形式剽窃别人的成果，即使是老师在上课时所讲的内容，如果引用了别人的话，都必须明确指出，如果不指出，便认为是一种不诚实，是一种剽窃行为。所以，当这个教授下课后，有一个学生便向校长反映，说那个教授在上课时引用了某个杂志上的话，但却没有交代出处。校长便找到这个教授核对，那个教授承认了自己的失误，便立即提出辞职。由于其他教师的挽留，最后学校决定撤销他的主任职务。第2天，这个

教授上课时，第 1 件事就是向学生道歉。

在我们看来，这也许是小题大做。何况那个教授并不是存心不想说那段话的出处，实在是因为下课了他没有来得及说；再说，就是这个教授说了那段话不是自己的，也不会对他有什么影响，他为什么要故意不说呢？再退一步说，即使不说出出处，那又有什么关系呢？但是，学生反映了这个很小的问题，校长还是十分重视，即使知道了这个教授不是故意不做交代，校长还是撤了他的主任职务。而这个教授呢？他在校长找他的那一刻，便已经认识到自己的疏忽犯了大错，他在那一瞬间便觉得自己不配在这里为人师了，所以他立即提出了辞职。最后因为同事们的挽留，他虽然留了下来，但仍觉得错在自己，所以在第 2 天上课时，第 1 件事情就是向他的学生真诚地道歉。因为他明白：失误，不能成为原谅自己的借口。

在整件事中，无论是那个学生，还是校长，抑或那个失误的教授，都表现出了一种对虚伪的厌恶，对诚实的追求。那个学生并不因为教授有名气便原谅他的不诚实，哪怕他并不是故意的；校长也并不因为这个教授有名气，便原谅他的失误；教授也不因为失误，便找种种借口原谅自己。其实，学生、校长和教授，所不能容忍的不是这件小事，而是不能容忍哪怕是半点的虚伪，无论这种虚伪是有意还是无意。因为他们认为，如果容忍了虚伪，便是对真诚的一种亵渎。

在我们的生活中，有很多虚伪的东西存在。在《中华读书报》上就有过好几篇揭发著名教授抄袭别人成果的文章。但是，有的抄袭者非但不承认错误，反而多方辩解，甚至对指出他剽窃别人成果的人进行人身攻击。这种背着牛头不认账的行为，是多么可悲的现象啊！

做人，无论在怎样的情况下，都应该真诚，不应当虚伪，这是每个人都明白的道理。可是在我们的生活中却有很多不尽如人意的现象存在，这也许正是我们长时间不能有大的进步的原因所在。我们只有不断地清理自己的心灵，让自己的内心深处多一些真诚，少一些虚伪，才能成为一个真正大写的人。我们应该向那个指出教授不诚实的学生致以敬意，我们应该对那个校长给予赞扬，当然，我们更应该向那个不因为失误而宽容虚伪的教授致以崇高的敬意。

失误，不应该成为虚伪的借口。

心灵感悟

无论什么时候，诚信都是不允许打折扣的。失误不能成为原谅自己过错的原因，更不应该成为虚伪的借口。

原则不容更改

耶路撒冷有一家名为"芬克斯"的酒吧，酒吧的面积不大，只有30平方米，但它却声名远扬。

有一天，酒吧老板接到一个电话，那人很客气地跟他商量说："我将带10个随从前往你的酒吧。为了方便，希望你能谢绝其他顾客，可以吗？"

老板罗斯恰尔斯毫不犹豫地说："我欢迎你们来，但要谢绝其他顾客，这不可能。"

其实，这个老板不知道，打电话的人是美国前国务卿基辛格博士。他是在访问中东的议程即将结束时，在别人的推荐下，才打算到"芬克斯"酒吧的。

基辛格最后坦言："我是出访中东的美国国务卿，我希望你能考虑一下我的要求。"罗斯恰尔斯礼貌地对他说："国务卿先生，您愿意光临本店我深感荣幸。但是，因您的缘故而将其他人拒之门外，这是我无法办到的。"

基辛格博士听后，摔掉了手中的电话。

第 2 天傍晚，罗斯恰尔斯又接到了基辛格的电话。他首先对自己昨天的失礼表示歉意，说明天只打算带 3 个人来，只订 1 桌，并且不必谢绝其他客人。

罗斯恰尔斯说："非常感谢您，但我还是无法满足您的要求。"

基辛格很意外，问："这次又是为什么？"

"对不起，先生，明天是星期六，对我们犹太人来说，礼拜六是一个神圣的日子，本店休息。"

"可是，后天我就要回美国了，您能否破例一次呢？"

罗斯恰尔斯很诚恳地说："不行，您该知道，如果我们违背了神意经营的话，那是对神的玷污。"

基辛格无言以对，他只好无奈又不无遗憾地离开了耶路撒冷，而没能在中东享受到这家小酒吧的服务。

这是一个真实的故事。这家小酒吧连续多年被美国《新闻周刊》列入世界最佳酒吧前 15 名。一个只有 30 平方米的小酒吧，竟能享有如此之高的美誉，与这家酒吧老板的作风有着千丝万缕的关联。

心灵感悟

　　凡事都有一定的目的与意义，只要确认我们的方向正确无误，便要坚持自己的原则；即使此刻还在迷宫中跌跌撞撞，我们也不再迷失，反而会比别人更早一步走出迷宫。

君子当以谦逊为本

　　苏东坡在湖州做了3年官，任满回京。想当年因得罪王安石，落得被贬的结局，这次回来应投门拜见才是。于是，他便往宰相府来。

　　此时，王安石正在午睡，书童便将苏东坡迎入东书房等候。

　　苏东坡闲坐无事，见砚下有一方素笺，原来是王安石两句未完诗稿，题是咏菊。苏东坡不由笑道：

　　"想当年我在京为官时，此老下笔千言，不假思索。3年后，真是江郎才尽，起了两句头便续不下去了。"

　　他把这两句念了一遍，不由叫道：

　　"呀，原来连这两句诗都是不通的。"

　　诗是这样写的：

"西风昨夜过园林，吹落黄花满地金。"

在苏东坡看来，西风盛行于秋，而菊花在深秋盛开，最能耐久，随你焦干枯烂，却不会落瓣。一念及此，苏东坡按捺不住，依韵添了两句：

"秋花不比春花落，说与诗人仔细吟。"

待写下之后，又想如此抢白宰相，只怕又会惹来麻烦，若把诗稿撕了，更不成体统，左思右想，都觉不妥，便将诗稿放回原处，告辞回去了。

第2天，皇上降诏，贬苏东坡为黄州团练副使。

苏东坡在黄州任职将近一年，转眼便已深秋，这几日忽然起了大风，风息之后，后园菊花棚下，满地铺金，枝上全无一朵。苏东坡一时目瞪口呆，半晌无语。此时方知菊花果然落瓣！不由对友人道：

"小弟被贬，只以为宰相是公报私仇，谁知是我错了。切记啊，不可轻易讥笑人，正所谓经一事长一智呀。"

苏东坡心中含愧，便想找个机会向王安石赔罪。想起临出京时，王安石曾托自己取三峡中峡之水用来冲阳羡茶，由于心中一直不服气，早把取水一事抛在脑后。现在便想趁冬至节送贺表到京的机会，带着中峡水给宰相赔罪。

此时已近冬至，苏东坡告了假，带着因病返乡的夫人经四川进发了。在夔州与夫人分手后，苏东坡独自顺江而下，不想因连日鞍马劳顿，竟睡着了，及至醒来，已是下峡，再回船取中峡水又怕误了上京时辰，听当地老人道："三峡相连，并无阻隔。一般样水，难分好歹。"便装了一瓷坛下峡水，带着上京去了。

上京来先到相府拜见宰相。

王安石命门官带苏东坡到东书房。苏东坡想到去年在此改诗，心下愧疚。又见柱上所贴诗稿，更是羞惭，倒头便跪下谢罪。

王安石原谅了苏东坡以前没见过菊花落瓣。待苏东坡献上瓷坛，书童取水煮了阳羡茶。

王安石问水从何来，苏东坡道：

"巫峡。"

王安石笑道：

"又来欺瞒我了，此水明明是下峡之水，怎么冒充中峡。"

苏东坡大惊，急忙辩解道误听当地人言，三峡相连，一般江水，但不知宰相何以能辨别？王安石语重心长地说道：

"读书人不可轻举妄动，定要细心察理，我若不是到过黄州，亲见菊花落瓣，怎敢在诗中乱道？三峡水性之说，出于《水经补注》，上峡水太急，下峡水太缓，唯中峡缓急相伴，如果用来冲阳羡茶，则上峡味浓，下峡味淡，中峡浓淡之间，今见茶色，故知是下峡。"

苏东坡敬服。

王安石又把书橱尽数打开，对苏东坡言道：

"你只管从这二十四橱中取书一册，念上文一句，我答不上下句，就算我是无学之辈。"

苏东坡专拣那些积灰较多，显然久不观看的书来考王安石，谁知王安石竟对答如流。

苏东坡不禁折服：

"老太师学问渊深，非我晚辈浅学可及！"

苏东坡乃一代文豪，诗词歌赋，都有佳作传世，只因恃才傲物，口出妄言，竟三次被王安石所屈，他从此再也不敢轻易讥笑他人。

心灵感悟

大智若愚是才智技艺达到精湛圆熟的最高境界。一个人才智越高，越有学问，见闻越广博，越应该谦虚谨慎，处处收敛锋芒，不炫耀自己。我们都应该记住这样一个道理：学无止境，君子当以谦逊为本。

在挫折中收获成功 第五辑

　　能够拥有一个完美人生是所有人渴求的事情，如何才能拥有一个完美人生呢？想要拥有完美人生，需要有强大的自信心，勇于挑战失败的勇气，坚韧不拔的毅力。在内心中坚信，命运由自己主宰！

完美人生操之在我

年轻的亚瑟国王被邻国的伏兵抓获。邻国的君主并没有杀他，而是向他提出了一个非常难的问题，并承诺只要亚瑟回答得上来，他就可以给亚瑟自由。亚瑟有一年的时间来思考这个问题，如果一年期满还不能给他答案，亚瑟就会被处死。

这个问题是：女人真正想要的是什么？

这个问题令许多有学识的人困惑不解，何况年轻的亚瑟。但求生的欲望使亚瑟接受了国王的命题——在一年的最后一天给他答案。

亚瑟回到自己的国家，开始向每个人征求答案：公主、妓女、牧师、智者、宫廷小丑。他问了几乎所有的人，答案五花八门，有的回答是男人，有的说是孩子，有的说是金钱，还有的说是地位，但没有一个答案可以令他满意。最后，人们建议亚瑟去请教一个女巫，也许她能够知道答案。但是他们警告他，女巫会提出一些稀奇古怪的条件，这些条件往往使人们不敢向她求助。

一年的最后一天到了，亚瑟别无选择，只好去找女巫试试看。女巫答应回答他的问题，但他必须首先接受她的交换条件：让她和加温结婚。而加温是最高贵的圆桌武士之一，是亚瑟最亲密的朋友。亚瑟惊骇极了，看看女巫：驼背，丑陋不堪，只有一颗牙齿，身上发出臭水沟般难闻的气味，而且经常制造出猥亵的声音。他从没有见过如此丑陋不堪的怪物。他拒绝了，他不能让他的朋友为了救他而牺牲自己的幸福。

加温知道这个消息后，对亚瑟说："我同意和女巫结婚。对我来说，没有比拯救你的生命更重要的了。"亚瑟感动极了，深情地拥抱着他的朋友。于是亚瑟宣布了婚礼的日期，女巫也回答了亚瑟的问题：女人真正想要的是——可以主宰自己的命运。

人们都明白了女巫说出的是真理，于是邻国的君主如约给了亚瑟永远的自由。

加温的婚礼如约举行，而亚瑟也陷入了深深的痛苦之中。这是怎样的婚礼呀——加温一如既往地温文尔雅，而女巫却在婚礼上表现出最丑陋的行为：蓬头垢面，用嘶哑的喉咙大声讲话，还用手抓东西吃。她的言行举止让所有的宾客都感到恶心，大家也都深切地同情加温从此失去了幸福。

新婚之夜对于所有的人都是美妙的，但对加温却是异常可怕的，但它终究还是到了。然而，加温走进新房，却被眼前的景象惊呆了：一个他从没见过的美丽少女斜倚在婚床上！加温忽然如入梦境，不知这到底是怎么回事。

少女回答说："我也曾被别人施以魔咒，我自己在一天的时间里一半是丑陋的，另一半是美丽的。你愿意怎样分配这丑陋与美丽呢？"

多么残忍的问题呀！加温开始面对他的两难选择：是在白天向朋友们展示自己的美丽妻子，而在夜晚自己的屋子

迎难而上做了不起的自己

里，面对一个如幽灵般又老又丑的女巫？还是在白天拥有一个丑陋的女巫妻子，但在晚上与一个美丽的女人共度亲密时光呢？出乎意料的是，加温没有做任何选择，只是对他的妻子说："既然女人最想要的是主宰自己的命运，那么就由你自己决定吧！"

少女眼中闪着泪光，动情地说："谢谢你替我解除了诅咒，当有一个男人愿意让我主宰自己命运的时候，诅咒就会自动失效了。那么，我要告诉你，我会选择白天和夜晚都是美丽的女人，因为我爱你。"

心灵感悟

你的命运由你自己主宰。命运就在你自己的手中，就看你自己如何去把握。

人生的5枚金币

不久前，陈家村有3位渔民因为木船机器出了故障，在海上漂了7天6夜。3位渔民脸晒得黑红，坐在我们面前，讲述着曾经发生的故事。他们面带笑容，语气平淡，好像这些事不是他们自己亲历而是发生在别人身上似的。

"你们开始的时候想到会漂7天吗？"

"没有，我们想再坚持一天，明天就会有人来救我们。如果一开始就知道要等7天，受这么多罪，我们可能会受不住。"一位年纪较大的渔民说，他是这艘船的主人。

"第6天下午，我觉得自己坚持不住了，喝进去的海水在胃里翻腾，难受死了。就在这时候我们听见了马达声，看见有一条船朝我们开来，我们3人趴在船上喊救命，可是当船驶近的时候，船上的人却冲我们说：你们慢慢漂吧。我绝望地趴在船舷上想跳海自杀，是他救了我。"年纪较小的帮工感激地指着船主说。

船主不好意思地摸摸后脑勺："其实也没什么，我只是给他们讲了一个5枚金币的故事。小时候，我生活在内蒙古草原。有一次，我和爸爸在草原上迷了路，我又累又怕，到最后都快走不动了。爸爸并没有哄我，他从兜里掏出5枚硬币，把一枚硬币埋在草地里，把其余的4枚放在我的手上，说：人生有5枚金币，童年、少年、青年、中年、老年各有一枚，你现在才用了1枚，就是埋在草原上的那一枚。你不能把5枚都扔在草原，你要一点点地用，每一次都用出不同来，这样才不枉人生一世。今天我们一定要走出草原。你将来也一定要走出草原。世界很大，人活着，就要多走些地方，多看看，不要让你的金币还没用就被扔掉。"

"我们走了一天一夜，终于走出了草原。我一直记得父亲说过的话，也一直保存着那4枚硬币。25岁的时候，我从电视上看到大海，我把第2枚硬币埋在草原，带着其余的3枚硬币一个人乘车来到大连旅顺，当了一名水手。今年是我来海上的第9个年头了，我刚刚用攒下的钱买下这条12马力的新木船，我一生的梦想，是能有一条可以远洋的100马力以上的铁船。我们还年轻，还有人生的3枚金币，不能就这

迎难而上做了不起的自己

么把它们都扔到大海里。我们一定要活着回去。从我讲这个故事到被救，才十几个小时。我们真的活着回来了！"

海上漂泊7天6夜，他们喝海水，吃鱼饵，忍受着肉体和精神上双重的痛苦，直到现在，他们还因为海水中毒而全身水肿、胃出血、脚溃烂。但他们坐在我们面前，面带笑容，语气平淡，对他们来说，所有的灾难都已成为过去，重要的是他们还活着，还拥有人生的3枚金币，这比什么都重要。

心灵感悟

在苦难降临时，还有什么比拥有活下去的信念更重要的呢？我们还年轻，还拥有人生最大的资本，如果我们对待生活、工作能有同样的信念，那么世界上就没有什么挫折可以击倒我们。

自己就是上帝

一个穷人来找神父求助，原来，他为农场主运东西的时候，失手打碎了一个贵重的花瓶，农场主要他赔。

神父说："听说有一种能将破碎的瓶子粘起来的技术，你不如去学这种技术，将农场主的花瓶粘得完好如初，再还给他不就可以了嘛。"

穷人听了直摇头："哪里会有这种神奇的技术？将一个破花瓶粘得完好如初，这不太可能吧？"

神父说:"这样吧,教堂后面有个石壁,上帝就在那里,只要你对石壁大声说话,上帝就会回应你。"

于是,穷人来到石壁前,对石壁说:"上帝请您帮助我,只要您愿意帮助我,我相信我能将花瓶粘好。"话音刚落,上帝就回答了他:"能将花瓶粘好。"于是穷人信心百倍,去学粘花瓶的技术了。

一年后,穷人通过认真学习和不懈的努力,终于掌握了将破花瓶粘得天衣无缝的本领。那只破花瓶被他粘得和原来完好时一样,然后他将它还给了农场主。

他又一次来到教堂感谢上帝能够帮助他,神父将他领到了那座石壁前,笑着说:"你最应该感谢的是你自己啊。其实这里根本没有上帝,这块石壁不过是块回音壁而已,你所听到的上帝的声音,其实就是你自己的声音。"

哦,原来自己就是上帝。

心灵感悟

抱有坚定不移的信念,并为之付出不懈的努力,就能够把梦想变成现实。相信自己的能力和潜力,因为自己就是上帝。

把握自己的人生

诗人亨雷写下了富有哲理意味的诗句:"我是我命运

的主宰；我是我灵魂的船长。"

很多情况下，人们的命运都是由别人和外物所控制，要主宰自己，需要莫大的勇气。特别是对于一个失败者，当挫折困扰着他时，要及时调整自己、战胜自己，树立起主宰自己的信心，更不是一件容易的事。

华明的公司宣告破产了，资不抵债，他成了一个名副其实的穷光蛋。

华明无法面对残酷的现实，他沮丧极了，甚至想到了自杀。

他流着泪去见父亲，希望能够得到父亲的安慰和指点，让他东山再起！

父亲看到华明的样子，心都快碎了，可他却没有能力帮助儿子。

华明唯一的希望破灭了，他喃喃自语道："难道我真的没有出路了吗？"

父亲像想到了什么一样，突然说："虽然我没办法帮助你，但我可以介绍你去见一个人，相信他可以协助你东山再起。"

华明的心中又燃起了一点希望之火，他迫不及待地要见到这个"能令他东山再起"的人。父亲带着华明来到一面大镜子前，手指着镜子里的华明说："我介绍的这个人就是他，在这个世界上，只有他才能够使你东山再起，只有他才能够主宰你的命运。"

华明怔怔地望着镜子里的自己，用手摸着长满胡须的脸孔，望着自己颓废的神色和迷离无助的双眸，他明白了父亲的用意，不由自主地抽噎起来。第 2 天早晨，父亲见到的华明从头到脚几乎是换了一个人，步伐轻快有力，双目坚定有神。

他说："爸爸，我终于知道我应该怎么做了，谢谢你，是你让我重新认识了自己，把真正的我指给我看。我会努力地去找工作，我坚信，这是我成功的又一个起点。"

果然，几年后，华明东山再起，事业比当初还要兴旺。

心灵感悟

只有我们是自己命运的主人，因为我们有能力控制自己的思想；也只有我们自己才能把握我们的人生，只有自己才能描绘出美丽的人生画卷。

别把命运交给别人

敬明小学 6 年级的时候，考试得了第 1 名，老师奖励给他一本世界地图。

敬明很高兴，跑回家就开始看这本世界地图。那天正好轮到他为家人烧洗澡水。敬明就一边烧水，一边在灶边看地图，看到一张埃及地图，他想："长大以后如果有机会我一定要去埃及。去看神秘的金字塔，还有尼罗河，还有许许多多美妙的东西。"

敬明正看得入神的时候，爸爸怒气冲冲地从浴室冲出

迎难而上做了不起的自己

来，用很大的声音对他说："你在干什么？"

敬明赶紧说："我在看地图。"

爸爸大吼着说："火都熄了，看什么地图？"

敬明说："我在看埃及的地图。"

爸爸就跑过来"啪、啪"给他两个耳光，然后说："赶快生火！看什么埃及地图？"打完后，又踢了敬明屁股一脚，用很严肃的表情跟他讲："我给你保证！你这辈子不可能到那么遥远的地方！赶快生火！"

当时敬明看着爸爸，呆住了，心想："爸爸怎么给我这么奇怪的保证？难道我真的不会到埃及吗？"

20年后，敬明第1次出国就去埃及，他的朋友都问他："到埃及干什么？"

敬明说："为了使我的命运不被爸爸保证。"

敬明一到埃及，做的第1件事便是写信给爸爸。坐在金字塔前面的台阶上，他写道："爸爸：我现在在埃及的金字塔前面给你写信。记得小时候，你打我两个耳光，踢我一脚，保证我不能到这么远的地方来，现在我就坐在这里给你写信。"写的时候，敬明感触非常深……

🌀 心灵感悟

只要不把你的命运交给别人，只要你的生命不被保证，你就能够演绎出令自己满意的人生。

走自己的路

　　有两位法国诗人是无话不谈的忘年交，一位是年纪较大的马莱伯，一位是年轻的拉冈。

　　有一天，拉冈跑来请教马莱伯："我想请您指点一下，您人生阅历丰富，一定对人生有着独到的见解。现在，我正面临一个需要选择的难题，我苦苦思考却无法决定，依您看，我应该何去何从呢？您对我的家世、门第、财产以及能力都很清楚，那我是否应该结婚并到外省去？或者投身军队还是去政界供职？"

　　听了拉冈的一番话，马莱伯并没有直接回答："你要让所有人都对你感到满意确实很不容易，在我回答你以前，先听我讲一个故事吧。

　　"从前，有位磨坊主和他十几岁的儿子，打算去集市卖掉自家的驴子。为了让驴子保存体力，能卖个好价钱，爷俩就把驴腿扎上，一前一后抬着驴走。一个路人看到后大笑起来，'大家快看这一对傻瓜，竟抬着驴走，驴子不就是让人骑的吗？'听到路人的话，磨坊主也觉得有道理，赶紧把驴子放下，让儿子骑驴，自己跟在后面走。

　　"走了没多远，迎面走来3个商人，年轻较大的那位冲着男孩喊道，'年轻人，你怎么好意思自己骑着驴呢，你的父亲是多么辛苦啊，快点下来，应该让老人骑着驴！'

听了他的话，磨坊主便让儿子下来，自己骑到了驴背上。

"又走了一段路,走来了3位姑娘,其中一个指责老人说: '你这老头真是过分啊！让一个孩子那么辛苦地走路，自己却骑在驴子上悠然自得。'磨坊主没想到自己这么一大把年纪还会被一个姑娘指责，于是他赶紧让驴放慢了脚步，让儿子一起骑到了驴背上。他想: 这下大家该没什么可说的了吧?

"可刚走了十几步，又来了一群人，有个人说: '这两个人真够狠的！这头可怜的驴走到市场，估计他们就只能出售驴皮了。'磨坊主感到无所适从了，他一时想不到更好的办法，最后决定两人谁都不骑驴了，而是让驴子走在他们的前面。

"又有个人对他们说: '你们傻不傻，有驴子还不骑，而且让驴走在你们的前面，还真有意思。'磨坊主没有理睬他，因为他已经决定不再被别人的话所摆布。就这样，他让驴子走在自己的前面一直到集市。打那以后，磨坊主做事情有了主见，再也不听从别人的摆布。至于你，我的朋友，究竟是参军，还是为政界服务，还是结婚，不论你做出什么选择，都请记住——按照自己的想法，走自己的路，任凭他人说去吧。"

心灵感悟

但丁说: "走自己的路，让别人说去吧。"只要你认为是正确的道路，就要坚持自己的选择，而不应被他人的评论所左右。

打好自己手中的牌

艾森豪威尔年轻时经常和家人一起玩纸牌游戏。母亲总告诫他要"打好自己手中的牌"，他对这句话总是不甚理解。

一天晚饭后，他像往常一样和家人打牌。这一次，他的运气简直差到了极点，每次抓到的都是很差的牌。他开始抱怨，最后，竟发起了少爷脾气。

一旁的母亲看到他这个样子，正色道："既然要打牌，你就必须用自己手中的牌打下去，不管牌是好是坏。谁也不可能永远都有好运气！"

艾森豪威尔对妈妈的这种理论已经厌倦了，刚要争辩，却听到母亲接着说："我们的人生又何尝不像这打牌一样啊！发牌的是上帝。不管你手中的牌是好是坏，你都必须拿着，你都必须面对。你能做的，就是让浮躁的心情平静下来，然后认真对待，把自己的牌打好，力争达到最好的效果。这样打牌，这样对待人生才有意义啊！"

艾森豪威尔此后一直牢记母亲的话，无论遇到什么情况，都会尽全力打好自己手中的牌。就这样，他一步一个脚印地向前迈进，成为中校、盟军统帅，最后登上了美国总统之位。

迎难而上做了不起的自己

心灵感悟

也许我们无法决定自己手中能够抓到什么样的牌，但却可以决定用怎样的态度去打这把牌。困难面前，怨天尤人是无济于事的，只有勇敢地迎接挑战，才是最明智的选择。

成功属于迎难而上的人

俗话说："吃尽苦中苦，方为人上人！世上无难事，只要肯攀登！"一个人要想登上成功之巅，除了不懈努力之外，还有要有坚韧不拔的意志和递进的信心！

人生如一艘航船，在无边无际的大海中航行，随时都有危险的丛生，暗礁的阻挠，风浪的袭击，虽然风险是多方面的，但最大的风险就是来自于你自己——在狂风肆虐的海域上，你需要坚定的信念和冷静的心态，从容地面对艰险，全力战胜阻挠，勇敢地挑战未来……

人生之路生来就是不平坦的，是泥泞的也是崎岖的；是坎坷的也是荆棘密布的。在这条路上你是一个急匆匆的赶路者，一路并没有太如意的歌，前行的路固然是平坦而又弯曲的，你也不知道往前的光景是什么样的，你是否能想到困难而直面一对呢？或者你不知道所措，或者你啧啧发愣……这时你不必沮丧，后退是懊悔的根源，满面愁容则是悲伤的序曲，你失神的目光别再盯着生活的苦楚，那样你会被困难吓倒，拭去泪水的洗蚀，把所有的不快埋藏在心底并化作最强劲的动力，去开拓！

旅途是这般的莫测，鲜花劲草并不是为弱者送上的，诗情画意也不是为不劳而获陶醉的！

曾有多少人千回百转换取了一生的辉煌，也有多少次的困难在坚强的毅力下覆灭。难道你的诺言就此化为泡影，难道你远大的目标就此终结；难道你能走过春的绿野，夏的浪漫，就走不出秋的萧瑟，冬的酷寒？难道你能写出童年的好奇，少年的梦想，就划不出青春光线闪亮的奇迹？

扬起你金色的风帆，沿着岁月的长河，冲破险滩，渡过暗礁，一如既往……

目标是生命的明灯，一旦树立，我们就要不懈的去追求去探索，哪怕终点是个零，那也算不枉过之！

心灵感悟

目标是舟，坚强是桨，理想是帆，让勇往直前的号角启动我们年轻的心；让岁月的罗盘针指向青春的坐标，去迎接一个崭新的未来……

生命不息，工作不止

斯蒂芬·霍金，是享有国际盛誉的伟人之一，被称为

在世的最伟大的科学家，是当代最重要的广义相对论和宇宙论家。二十世纪 70 年代他与彭罗斯一道证明了著名的奇性定理，为此他们共同获得了 1988 年的沃尔夫物理奖。他因此被誉为继爱因斯坦之后世界上最著名的科学思想家和最杰出的理论物理学家。

1963 年，霍金 21 岁的人生发生了一悲一喜两个重大事件。这一年他被确诊患上了肌萎缩侧索硬化症，这种病会使他的身体越来越不听使唤，只剩下心脏、肺和大脑还能运转，最后连心肺功能也会丧失，当时大夫预言他只能再活两年。他克服身患残疾的种种困难，于 1965 年进入剑桥大学冈维尔和凯厄斯学院任研究员。这个时期，他在研究宇宙起源问题上，创立了宇宙之始是"无限密度的一点"的著名理论。

霍金是谁？他是一个大脑，一个神话，一个当代最杰出的理论物理学家，一个科学名义下的巨人……或许，他只是一个坐着轮椅、挑战命运的勇士。

一次，霍金坐轮椅回柏林公寓，过马路时被小汽车撞倒，左臂骨折，头被划破，缝了 13 针，大约 48 小时后，他又回到了办公室投入工作。

虽然身体的残疾日益严重，霍金却力图像普通人一样生活，完成自己所能做的任何事情。他甚至是活泼好动的——在他已经完全无法移动之后，他仍然坚持用唯一可以活动的手指驱动着轮椅在前往办公室的路上"横冲直撞"；当他与查尔斯王子会晤时，旋转自己的轮椅来炫耀，结果轧到了查尔斯王子的脚趾头。当然，霍金也尝到过"自由"

行动的恶果，这位量子引力的大师级人物，多次在微弱的地球引力下，跃入轮椅，幸运的是，每一次他都顽强地重新"站"起来。

几年下来他克服了种种困难，不顾艰辛地编写伦理宇宙，伦理黑洞，伦理大爆炸的书籍。但是我们值得注意的是，他全身只有一根手指可以来动，他的秘书曾私下对别人讲，他写一篇1小时的演讲稿需要3天的时间，打一段话需要近乎一个小时！但是令人惊讶的霍金坚持下来了！在他不懈的努力下，一册册的书籍出现在我们世人的眼前——《时间简史——从大爆炸到黑洞》、《时间简史续篇》、《霍金讲演录——黑洞、婴儿宇宙及其他》、《时空本性》、《果壳中的宇宙》。

霍金的魅力不仅在于他是一个充满传奇色彩的物理天才，也因为他是一个令人折服的生活强者。他不断求索的科学精神和勇敢顽强的人格力量深深地吸引了每一个知道他的人。

心灵感悟

　　人生旅途上，我们每一个人都好像是渴望在天空中翔翔的鸟儿，坚定的信念就是我们飞翔的翅膀，所以我们应当像霍金一样，像保尔一样，像张海迪一样，拥有刚强不屈的翅膀，坚持不懈地飞向自己的人生理想！让自己人生的美丽和魅力尽情展现！

迎难而上做了不起的自己

🌻 姐妹爱心·热线

　　吕氏姐妹，姐姐吕娟、妹妹吕营，姐妹二人同患《进行性肌肉萎缩》症。这种病的发病率只有五万分之零点三，症状是肌肉萎缩、全身无力、绵软如婴儿。得了这种病的人，生活完全需要别人照顾。

　　尽管如此，她们俩却从不抱怨命运、不向病魔低头。她们积极乐观地生活。尽管从没进过学校的大门，却自学完了中小学的课程，还自修了大专课程等。

　　每天，她们只能固定地坐在特制的椅子上，在特制的桌子上学习，一坐就是十几小时。因为没有别人帮助，她们自己就不能躺下，每年冬天脚肿得连鞋子都穿不进去。即使这样，她们也从没放弃对生活的追求。她们阅读了大量的中外名著，写了几万字的读书笔记。她们的文字也经常在各级报刊上发表。

　　她们乐观、进取，热爱生活的态度感染了一批年轻人。经常有人给她们写信、打电话或上门谈心。她们谈理想、谈未来。他们从她们这里吸取生活的信心和力量。受此启发，她们决定开办热心电话，用自己的知识及坎坷的人生来启迪、帮助那些人生迷惘的青年人。

　　1996年7月，她们开办了江阴市首家私人热线电话《姐妹爱心热线》电话。这条热线受到了青年朋友的欢迎。短短几个月就有杭州、常州、张家港、如皋、镇江等八九个城市的热线电话一千多个。他们涉及的问题有：工作、就业、学习、恋爱、家庭等方方面面。许多人在她们的开导、鼓励、帮助下，摆脱了心理压力，调整了自己的心态、找回了自信，重新愉快地生活和学习了。当有人问她们为什么要这么做时，她们的回答是：能够帮助别人，让别人快乐、幸福，才是自己最大的幸福，才能体现出自己的人生价值。

现在，她们已接到全国各地的热线电话4000多个。1998年，她们还成立了《姐妹爱心服务社》。许多有爱心的朋友常跟她们在一起探讨如何帮助需要帮助的人。现在，她们已帮助八九个贫困学生与有爱心的人士结了对子。她们自己也资助了失学儿童重返校园。现在，她们被十几所学校聘为校外辅导员，被江阴市团市委评为"十大杰出青年"、"优秀青年"、"新长征突击手"等。

心灵感悟

身体上的残缺是无法改变的，但是我们却能改变对这个残缺身体的改造。只要有一颗乐观、进取的心，并且热爱生活，就能够成就精彩人生。

永不服输的海伦

海伦是美国著名的聋盲女作家、教育家。她出生后不

久就双目失明，并有聋哑之疾，但是她以惊人的毅力学完了小学到大学全部课程。

海伦于 1880 年出生，1968 年逝世，活了八十八岁，经历了两个世纪。她出生后十九个月便患了一场猩红热，重病夺去了她的听力和视力，变成又聋又瞎，同时嘴巴也发不出声了。看来这么一个五官三废的一岁半的幼儿一辈子也没有什么希望了。可是世界上也真有奇迹，后来由于她的顽强不屈，刻苦奋斗和她的老师安妮・苏利文小姐教导有方，当然还由于她有出众的天赋，因此她从七岁开始受教育，经过了几年的努力，终于学会了读书和说话。

海伦学懂的文字有英、法、德、拉丁、希腊五种之多，而且知识渊博。她从二十四岁大学毕业后到她逝世这六十多年的期间，她的主要职务是写作和讲演。她跑遍美国各地，周游世界各国，全心全意为聋盲人的教育和福利事业贡献一生，曾受到许多国家的政府、人民和高等院校的赞扬和嘉奖。一九五九年联合国发起"海伦・凯勒"世界运动。

海伦通晓英、法、德、拉丁、希腊等 5 种语言，出版了《乐观》、《走向光明》、《我的生活》等 14 部著作。有的被译成 50 余种文字，风靡 5 大洲。

海伦大学毕业之后，投身于为聋盲人服务的事业，她跑遍全国为聋盲人学校的筹建募集基金。同时她笔不停挥地从事写作。还在大学时代她就写作了著名的《我的生活故事》。以后她陆续写出了《我生活的世界》、《石墙之歌》、《走出黑暗》、《我的老师安妮・苏利文・麦西》、《乐观》、《海伦・凯勒在苏格兰》、《海伦・凯勒：她的社会主义年代》

等十四部著作。

1965年，当她85岁高龄时被选为"世界十大女性"之一。

做一个有价值的人

阿尔伯特·爱因斯坦（1879.3.14–1955.4.18）犹太裔物理学家。他于1879年出生于德国乌尔姆市的一个犹太人家庭。

爱因斯坦四、五岁还不太会说话，喜欢静静地坐着，常常发呆，父母一度以为他有智能障碍。

他小学的成绩表现，除了数学卓越之外，其他都很差，是班上永远的最后一名，老师甚至对家长直言："做什么都一样，反正你的孩子将一事无成。"

爱因斯坦终于被退学，连中学毕业证书都没拿到。但爱因斯坦终究还是成功了，历经许许多多的波折，他进了瑞士苏黎士联邦工业大学就读。成功的两个关键是叔叔的慧眼与父母的充分信任，他的工程师叔叔，让他对数理愈来愈有兴趣，愈解愈有成就感，他的父母坚信儿子一定会成功，让一个曾被当成弱智的孩子，走出一条光明的人生新旅程。

爱因斯坦为核能开发奠定了理论基础，在现代科学技术和他的深刻影响下与广泛应用等方面开创了现代科学新纪元，被公认为是继伽利略、牛顿以来最伟大的物理学家。1999年12月26日，爱因斯坦被美国《时代周刊》评选为"世纪伟人"。

心灵感悟

世纪伟人并不一定从小就会表现的超人一等，他们之所以能够超越众多的人站在世界的顶端，就是因为他们能够将全部的精力投入到已定的目标中去，并且向着这个目标不断前进。

开拓竞争之路

第六辑

　　个人竞争力是个人的社会适应和社会生存能力，以及个人的创造能力和发展能力，是个人能否在社会中安身立命的根本。

人活着就有竞争

人，原本应该是单纯的，吃饭、睡觉、读书、娱乐。每个人的生命，不与他人比较，原本也应该是尊贵的和充满意趣的。人，都有自己的幻想、意志、创造力和性情。人，天生也应该是平等的，无所谓帝王将相，贩夫走卒，大家都是赤条条来，赤条条去。法国大思想家卢梭把人的这种平等称为：天赋人权。的确，人有可能是单纯而又清静的。

可是实际情况并非如此。人注定要与他人纠缠在一起，从出生直到死亡。一生中，你的周围云集着父母、兄弟姊妹、街坊邻居、领导、同事、同胞和敌人。他们比泥沙更密集地胶和在你的生存空间中。它意味着恼人的竞争。森林里长满了树木和杂草，它们都需要阳光、空气、水和营养。对人来说，他们之间的关系更复杂，欲求更多。而资源和空间总是有限的，至少最好的资源和空间是有限的。

这便需要竞争。活着就是竞争：争夺工作、异性、土地、金钱和名誉，等等。竞争是必然的，与生俱有的。而竞争的结果：要么优胜，要么被淘汰。被淘汰是悲惨的。在自然界，这意味着弱肉强食。凶悍的动物吃掉驯顺的动物，强健的动物取代弱小的动物。

因此，在竞争社会，人没有选择，唯一的选择便是优胜。人必须优胜。优胜才有阳光和鲜花，尊贵和名誉，才能更好

地生儿育女，儿孙繁衍。但是优胜并非说说那么容易，优胜必须具备更多的条件和利用更多的因素。这些更多的条件和更多的因素，总括起来，可以分为两个大的部分：自身条件和外部条件。

自身条件有先天条件和后天条件之分。先天条件如身体、容貌、智商、家庭关系等，先天条件来自于遗传或命定，不可更改。后天条件如捕捉机遇、奋发、努力、学习能力、意志等，后天条件事在人为，自己可以部分地改变它。通过培养、调整、改变自己，来达到适应社会，从而赢得社会的认可的目的。

外部条件，是指自身条件之外的一切社会条件，如人际关系、社会制度、法律、国家机构等等。外部条件不是个人可以控制的，也是不以个人意志为转移的，它是历史的产物和社会的既成现实。虽然有很多缺陷，但它在运行。外部条件虽然外在于个人，但一个聪明的人，要充分地利用它，让它为自己服务。这就要看你的智慧和能力了。如果你不利用它，不融入它，那些外部条件对你也是无所谓的，更谈不上发挥作用。

因此，要赢得竞争的优胜，必须从自身和外部两个方面同时入手，既提高自身的综合素质，又恰到好处地利用外部环境。这样的人，才有可能奢望成功。中国古人，就很会利用环境，他们要高瞻远瞩，就站在山上；他们要千里远足，就驱马驾车。这都是利用外部条件的典范。听起来，你觉得很容易，想想这里面的道理，其实不是太容易的。

人在年轻时，大都一穷二白，自身条件和外部条件都

迎难而上做了不起的自己

很欠缺。人正处在成长中，缺乏能力、缺乏知识、缺乏阅历，不成熟便是这种缺乏的总注脚。既没有名气，又没有金钱，也缺少朋友，更谈不上权力。而天生富有，出身高贵，天赋才干，这样的人是很少的。大多数人都没有这种幸运。

因此，青年时期特别要注重自身条件的培养和外部条件的形成。尤其因为竞争起点的不公平，一开始你便已经处在劣势上，这样，你只有更加努力，才能逆境而出，成就顺风人生。总之，青年时期，你要为人生该具备的条件多付出一些努力，你要多读一些书，多认识一些重要的人，多拿一些奖，多参加一些社会机构，多到世界上去看一看，等等。说白了，你要多为自己贴一些金，金光闪闪的招牌，在社会上才好用。古时举孝廉，便是将那些远近有口碑的人弄出来做官。

这样，自己便会有一个较好的竞争心态，一个较好的竞争自我素质，一个较好的竞争外部环境。而一个人具备的条件越多，优胜的可能性便会越大，活得也会越轻松。古人说：荒年饿不死手艺人。这都是长技养身的道理啊！

不过，人生赢了，对人也不要苛刻，不要以优胜者自居或自大。

心灵感悟

只有心存远大志向，才可能成为杰出人物。但要成功，光有心高气盛远远不够，还需要从小事做起，从最基层、最细微的事做起，在一点一滴中与周围的人进行竞争，终有一天你会拥抱成功。

你的选择是什么

我们经常看到这样的现象：有的人能力平平而工作做得如火如荼；有的人才华横溢而工作平平，这是为什么？

第一，才华横溢的人容易恃才傲物、吹毛求疵，总有一种怀才不遇的感觉。

小林是一个受过良好教育、才华横溢的年轻人，在公司里却长期得不到提升。从公司管理层的评价可以发现，小林不愿意自我反省，喜欢嘲笑、吹毛求疵、抱怨和批评；他缺乏创业的勇气，根本无法独立自发地做任何事，只有在一种压迫和监督的情况下才能工作。而在小林看来，敬业是老板剥削员工的手段，忠诚是管理者愚弄下属的工具。这样一来，他在精神上与公司格格不入，使他无法真正从那里受益。

很多有才华的人常常自视清高，目空一切，看不起不如他的人。可是，社会上的事有时非常复杂，并不是因为你有才华就可以任意地放纵自己。总有人看不惯你的自命清高和目中无人，他总会在某种状况下给你难堪，不跟你合作，甚至整你。而你的领导更会觉得你不服他，还可能担心你的才干会威胁到他的位置，动摇他的权威。如果你不适当地收敛，你的领导会对你耿耿于怀，甚至有意压制你，打击你。到那时，你真就"怀才不遇"了。

第二，才华横溢的人大多个性很强，缺乏团队精神。

迎难而上做了不起的自己

那些怀才不遇者经常被动地把自己孤立在小圈子里，无法参与其他人的关系圈子，每个人都怕惹麻烦而不敢和这种人打交道，人人视之为天才"怪物"，敬而远之。这种人的结局往往是或者辞职，或者被调离单位，或者依然做着小职员的工作。

第三，有才华的人常常放不下架子，容易好高骛远，坐失良机。

根据国家有关部门的统计，目前，我国拥有 1000 多万企业老板，他们平均学历只有大专，相当一部分是高中学历，除了一些高科技企业，研究生学历的人占了很小的比例，绝大部分都不是出自于像清华大学、北京大学等这样的高等学府。为什么这些拥有丰富知识、高等智商、有着名牌大学文凭的高级知识分子，没有勇气到商海中去搏击呢？

究其原因有很多，主要有两点：

一是这些有才华的知识分子容易好高骛远，难于摆正自己的位置，总认为自己是名牌大学生，自己比别人有能力，不愿意放下架子，从小事做起，从基层开始，不愿意到最艰苦的环境中去磨练自己，增加社会阅历。

二是这部分人缺乏冒险精神，不能承受才华之重。他们总是认为自己有知识、有能力，迟早会有伯乐找上门来；总是感到自己有太多的束缚，不愿意轻易放弃自己的那份饿不死、富不起的固定工作，不愿放弃那份给自己带来好名声的工作。他们害怕失败，在心底里输不起。

最近，北京大学的一些毕业生在网络上热烈讨论的"北大废物"，所反映的就是这样一个现实。当初考进北大的学生，哪个不是天之骄子？但为什么有一些"天之骄子"经过中国的最高学府锻造之后，反而变成了社会上的"废物"？这些人确实有他们的不足之处，并且正是这些不足阻碍了他们事业的成功。

在现实生活中，我们经常看到一些人才智平平，却由于懂得如何为人处世，如何最有效地利用别人的力量为自己的事业发展服务，如何把握机遇、把有限的才智用在最该用的地方，因此，他们之中的一些人平步青云也就不难理解了。那些才华横溢的人不太相信别人的能力，做什么事情都总是喜欢单打独斗。由于他们傲慢的个性，身边的朋友和同事也不愿意去帮助他们。

心灵感悟

才华只有体现在调控与创新上才确有价值。要让才华变成实实在在的能力，指望"躲进小楼成一统"是不可想象的。

学会专注的做事

一个人的精力是有限的，把精力分散在好几件事情上，不是明智的选择，而是不切实际的考虑。在这里，我们提出"一件事原则"，即专心地做好一件事，就能有所收益，能突破人生困境。这样做的好处是不会因为一下想做太多的

迎难而上做了不起的自己

事，反而一件事都做不好，结果两手空空。

想取得成功的人不能把精力同时集中于几件事上，只能关注其中之一。也就是说，我们不能因为从事分外工作而分散了我们的精力。

如果大多数人集中精力专注于一项工作，他们都能把这项工作做得很好。

在对 100 多位在其本行业获得杰出成就的男女人士的商业哲学观点进行分析之后，卡耐基发现了这个事实：他们每个人都具有专心致志和明确果断的优点。

做事有明确的目标，不仅会帮助你培养出能够迅速做出决定的习惯，还会帮助你把全部的注意力集中在一项工作上，直到你完成了这项工作为止。

最成功的商人都是能够迅速而果断作出决定的人，他们总是首先确定一个明确的目标，并集中精力，专心致志地朝这个目标努力。

伍尔沃斯的目标是要在全国各地设立一连串的"廉价连锁商店"，于是他把全部精力花在这件工作上，最后终于完成了此项目标，而这项目标也使他获得了成功。

林肯专心致力于解放黑奴，并因此使自己成为美国最伟大的总统。

李斯特在听过一次演说后，内心充满了成为一名伟大律师的欲望，他把一切心力专注于这项目标，结果成为美国最成功的律师之一。

伊斯特曼致力于生产柯达相机，这为他赚进了数不清的金钱，也为全球数百万人带来无比的乐趣。

海伦·凯勒专注于学习说话，因此，尽管她又聋、又哑、又瞎，但她还是实现了她的明确目标。

可以看出，所有成大事的人物，都把某种明确而特殊的目标当做他们努力的主要推动力。

专心就是把意识集中在某一个特定欲望上的行为，并要一直集中到已经找出实现这项欲望的方法，而且成大事者将之付诸实际行动为止。

自信心和欲望是构成成大事者的"专心"行为的主要因素。没有这些因素，专心致志的神奇力量将毫无用处。为什么只有很少数的人能够拥有这种神奇的力量，其主要原因是大多数人缺乏自信心，而且没有什么特别的欲望。

对于任何东西，你都可以渴望得到，而且，只要你的需求合乎理性，并且十分热烈，那么，"专心"这种力量将会帮助你得到它。

假设你准备成为一个成功的作家，或是一位杰出的演说家，或是一位成大事的商界主管，或是一位能力高超的金融家。那么你最好在每天就寝前及起床后，花上十分钟，把你的思想集中在这项愿望上，以决定应该如何进行，才有可能把它变成事实。

当你要专心致志地集中你的思想时，就应该把你的眼光望向一年、三年、五年甚至十年后，幻想你自己是这个时代最有力量的演说家；假设你拥有相当不错的收入；假想你利用演说的金钱报酬购买了自己的房子；幻想你在银行里有一笔数目可观的存款，准备将来退休养老之用；想象你自己是位极有影响的人物，假想你自己正从事一项永远不用害怕

失去地位的工作……唯有专注于这些想象，才有可能付出努力，美梦成真。

一次只专心地做一件事，全身心地投入并积极地希望它成功，这样你的心里就不会感到筋疲力尽。不要让你的思维转到别的事情、别的需要或别的想法上去。专心于你已经决定去做的那个重要项目，放弃其他所有的事。

把你需要做的事想象成是一大排抽屉中的一个小抽屉。你的工作只是一次拉开一个抽屉，令人满意地完成抽屉内的工作，然后将抽屉推回去。不要总想着所有的抽屉，而要将精力集中于你已经打开的那个抽屉。一旦你把一个抽屉推回去了，就不要再去想它。

了解你在每次任务中所需担负的责任，了解你的极限。如果你把自己弄得精疲力竭和失去控制，那你就是在浪费你的效率、健康和快乐。选择最重要的事先做，把其他的事放在一边。做得少一点，做得好一点，才能在工作中得到更多的快乐。

心灵感悟

专心的力量是多么神奇！在激烈的竞争中，如果你能向一个目标集中注意力，成大事的机会将大大增加。

做个敢于承担的人

一天，小女儿达娜正在学步，她搬了一把小椅子到厨房去，想爬上去拿冰柜上面的东西。我看见了，急忙冲过去阻挡，但还是没来得及防止她从椅子上摔下来。当我扶起她，查看她有没有摔伤时，小女儿却朝那张椅子结结实实地踢了一脚，还很生气地骂道：

"椅子真坏，害达娜跌倒！"

如果你有过与幼儿相处的经验，相信一定听过类似的说辞。对幼儿来说，这是很自然的行为。他们喜欢责怪无生命的东西，或是毫不相干的人物，以疏解自己跌倒的痛楚。幼儿的这种表现可以说是正常的。

然而，如果这种反应模式一直持续到成人期，麻烦就来了。我们要面对生命中的许多责任，绝不可在受难或跌倒的时候，像孩子一样踢椅子出气。当然，责怪别人比自己去担负起责任要容易得多。我们喜欢责怪父母、老板、师长、丈夫、妻子或儿女，甚至我们还会责怪先祖、政府、先知或各种神明。对不成熟的人来说，永远都有一些理由——当然是外界环境的理由——可以解说他们自身的某些缺点和不幸。比如：他们的童年极为穷困、父母过于贫苦或过于富有、教导方式过于严格或过于松懈、没有受过教育或健康情况恶劣等等。

奇怪的是，像乔治·华盛顿，他虽然没有高贵出身或功绩彪炳的父母，却一样能推动历史，成为举世闻名的人物；亚伯拉罕·林肯，他幼年的物质环境极为匮乏，一切须靠辛勤的劳动，这也没有对他产生过不良影响。

亚伯拉罕·林肯本人很不喜欢责怪他人。他曾在1864

年做过这样的陈述：

"我对美国人民、基督教世界及历史，还有上帝最后的审判——都负有责任。"

这可说是人类史上最勇敢的宣言。除非我们也能在其他人及上帝的面前，以同样的精神承担下自己的责任，我们就还不算成熟。

最简单、也是目前最流行的一种逃避责任的方法，是跑去找一名心理分析家，然后躺到他的诊疗椅上，花一整天谈论我们的一切以及我们为什么会变成目前这个模样的理由。这也是一种极昂贵的现代高级享受。

不久前，我和朋友联袂参观一个书展。那位朋友时常自诩对现代艺术的知识十分丰富。当时我看到一幅画，作风十分草率，便无意中说出自己的感觉。我对他说："我家里有个三岁小孩，搞不好可以画得比这更好。如果这是艺术，我就是米开朗琪罗了。"这位朋友回答说："你对人类精神的痛苦，难道没有丝毫感觉吗？这位艺术家所要表现的，是原子时代人类所受的压力与迷惑。"

不错，就连一位画得不知所云的艺术家，也可以把自己的无能归罪于原子时代！

但有一件事是确定的。假如原子时代能对人类带来希望或满足，而不是破坏或死亡的话，那么，我们需要的就是坚强、成熟的个人——就是那些能够、而且愿意为自己行动承担责任的人。

　　对那些希望自己不仅是长大，而且是迈向成熟的人来说，他们的第一个法则应该是：要承担自己的行为的后果，要为自己的行为负责，而不能光踢椅子！

行动要跟上决策

　　"先弄清你要做什么，然后去做。"对行事容易鲁莽冲动的人来说，这是很好的座右铭，尤其是前半段。如果决断和行动力是迈向成熟的部分必要条件，那么表示我们所采取的行动，就必须根据良好的分析与判断。

　　"跃进之前先仔细看"或"投资之前先仔细研究"都不表示我们做事要犹豫没有决断。这些话的意思是要警告我们：采取行动千万不可鲁莽、匆促，没有认清事实的真相。

　　如果医师在急救病人时，没有事先把病况弄清楚，就很有可能给病人带来不幸。在许多情况之下，立即行动是必要的，但其成功的比例往往还需视其对问题诊断的正确度而定。

　　举一个较为明显的例子：

　　住在新墨西哥州阿布魁克市的泰德·考丝太太，好几年前曾为财务问题而烦恼不已。她有一位多病的母亲住在布鲁克林，由两名妇人负责照料她的起居。泰德·考丝太太后来发觉很难维持这样的开销，而一位时常在财务上资助她的

135

迎难而上做了不起的自己

叔父，也打电话向她表示是否可以减少开支。如减少那两名保姆的薪水，或缩减房屋的维修费等等。

当时，泰德·考丝太太不知该如何作决定，便要求让她好好想一下，等作了决定之后再回电给他。泰德·考丝太太很感谢这位叔父长期的帮忙，也觉得应该想办法减轻这位叔父的负担。

泰德·考丝太太描述道："我取来一些纸张，然后开始分析。我先把母亲的收入——如有价证券、叔父给她的补助等等——列出来，然后再列出所有开支。没多大工夫，我便发现母亲在衣、食方面的花费极少，但那栋拥有十一间房间的住所，却得花一大笔钱来维持——光是每月的瓦斯费就得二三十块钱。再加上各种杂项开支和税金，还有保险费等等，为数十分可观。当我见到这些白纸黑字的证据时，我就知道事情该如何处理了——那房子必须解决掉。

"另一方面，母亲的身体愈来愈坏，我担心这时移动她可能不太妥当。她一直希望能在那栋房子里度过余生，我也愿意尽可能成全她的愿望。于是，我去拜访一位医师朋友，请他给我一些意见。这位医师认识一名经营私人疗养院的妇人，地点离我们住的地方只有三分钟路程。

"这位妇人不但很善良，人也能干，所收的费用也极合理，因此我决定把母亲送到她家去，让她来照顾。

"这件事的处理结果，对每个人都很理想。母亲受到极好的照顾，一直还以为她仍住在家里。我现在每天都能抽空去探望她，而不是每星期一次。叔父的负担减轻了，我们的财务问题也获得解决。此次经验告诉我，假如我把问题写下来，便能完整、清楚地看到所有的事实，问题往往便也迎刃而解。从这以后，我碰到问题都用这种方式来解决。"

泰德·考丝太太在想清楚这件事情之后，立刻付诸行动，很快获得了成功，在削减了日常开支的费用的前提下，还满足了所有人的生活需要。

心灵感悟

行动能力的确是成熟心灵的必备条件之一，但必须有知识和理解作为基础，而不能是福至心灵的鲁莽行动。

走出固有的圈子

在整个人类往前迈进的每一步的背后，都有一些孤独的个人在思想中萌发出创造力的种子，这些人的梦想可能会在某一个夜晚将他们唤醒，而另外一些人的梦想却仍旧在沉睡。这个醒来的人就是我们这个世界必不可少的人。那么，唤醒你的梦想，唤醒你沉睡已久的创造力吧！

在某种程度上，循规蹈矩是大多数人的习惯，规矩的流行，使人自然而然地不去费神思考，而是随波逐流。长此以往，个性将被磨平，思维将会迟钝，自己的聪明智慧化作别人的影子……本来应该是一颗熠熠发光的珍珠，结果却蒙染了一层又一层的尘埃，这难道不可悲吗？

一个人没有创造力和想象力，其大脑就会僵死，心灵

就会枯竭。

一个人所拥有的潜在独创力与想象力是无限的。譬如凡尔纳虽然很少离开他那恬静的家园，然而，他的想象力却远达 20000 英里深的海底，世界各个角落，甚至月球。凡尔纳曾经对讥讽他的人如此回答："人类的幻想，在不久的将来一定会成为事实。"如其所言，在 70 年前凡尔纳所想象的深海潜水艇，现在已经不再是神话。不过，出乎凡尔纳意料之外的是，这种深海潜水艇是用核能发电的。

想象力成为人类活动的原动力，人类的想象力也是使人类卓越的动力。

根据科学的能力测验，任何人或多或少都具有独创性的潜在能力。人类工业研究所在分析一般工人的才能以后，提出 2/3 的工人都具有平均以上的独创力的报告。换句话说，人与人之间虽有程度上的差异，可是任何人都具有独创力，这是毫无疑问的。独创的效力会因精神状态而有所改变。

科学上的成果通常是由资质平庸的人提出来的。舒沃兹·泰斯以为富有创意的人反而都是门外汉。在第二次世界大战期间，普通的士兵在受到爱国动因的刺激时，便会产生独创力，这是有目共睹的。你相信吗？为数几百万的创意都是由和你、我同样平凡的人想出来的。B·P·固特异公司的董事长约翰·柯利亚指出，在第二次世界大战期间，每年平均有 3000 多件的提案是由从业人员提出来的，其中 1/3 的优秀程度可以获得奖金。譬如军需部门在 1943 年，由于从业人员的创意而节省了 5000 万以上的美金。战争，使得无数人想出无数个优秀的创意。这个事实足以证明任何人都具有独创力，只要稍加努力，便会产生不凡的成果。

心灵感悟

　　让我们果敢地打碎陈旧的思维习惯，及时让创意放射出动人的光彩。创新，就是要敢于对现状不满，敢于质疑，敢于追求你更高的目标。

不同角度不同天

　　著名的寓言作家伊索，年轻时曾经当过奴隶。

　　一天，他的主人要他准备一桌最好的酒菜，以款待一些德高望重的哲学家。当菜一盘盘端上来时，主人发现满桌都是动物的舌头，牛舌、猪舌、羊舌、鹿舌……简直就是一桌舌头大餐。

　　全桌客人出于礼貌，只敢小声地相互议论，机灵的主人发现宾客们的窃窃私语和怀疑的神色，连忙气急败坏地把伊索叫进来兴师问罪。

　　主人严厉地斥责说："我不是叫你准备一桌最好的菜吗？你准备这些东西究竟是什么意思？"

　　伊索不慌不忙、谦恭有礼地回答："在座的贵客都是知识渊博的哲学家，他们高深的学问需要用舌头来阐述。对他们来说，我实在想不出还有什么比舌头更珍贵的东西了。"

　　哲学家们听了他这番对舌头的吹捧，都不禁转怒为喜，

纷纷开怀大笑。

第二天，主人又要伊索准备一桌最不好的菜，招待别的客人。这批客人是主人住在乡下的亲戚，主人一向看不起他们，认为他们狗嘴吐不出象牙，只是一群老土的乡巴佬，只有在逢年过节时，主人才会勉强招待他们来家里吃饭。

宴会开始后，菜一盘盘地端上来，却仍然还是一桌舌头大餐。主人火冒三丈，气冲冲地跑进厨房质问伊索："你昨天不是说舌头是最好的菜，怎么这会儿又变成了最不好的菜了？"

只见伊索镇静地回答："祸从口出，舌头会为我们制造灾难，引起别人的不悦，所以它也是最不好的东西。"

主人听了，不禁哑口无言。

尼采曾说："没有真正的事实，只有诠释。"

每一件事都有好多面，你从不同的角度来看，看到的东西也就会有不同面貌。最好的东西到了另外一种情境，可能会变成最坏的东西；相同的，你弃如敝屣的东西到了其他人手上，也可能会是对方的无价之宝。

因此，当你从好的这一面看，映入你眼帘的会是世界的美好；当你从坏的一面看，只会看到一个千疮百孔的人生。无论从哪个方向看，决定权都在于你，当事情无法改变时，改变看事情的角度，你一定能找到出路。

是的，我们经常感觉到对自己身边的人做的某一件事很不理解，其实，在这个时候你用的是自己的评判标准，

而我们经常犯的一个错误就是用自己的处事标准来衡量他人，主观地提出对错之分，这也是产生争执的重要原因之一。

对待他人我们应该换一个角度来想想，那对待自己呢？先看下面的这个故事。

小高有一次在外头玩得太晚，只好走夜路回家，途中经过一片荒地，路上一片漆黑。

小高一边走一边咒骂，懊悔自己忘了带打火机，害得现在只能摸黑赶路。正在怨天尤人的同时，突然眼前出现了一点亮光，逐渐向自己靠近，于是小高加快脚步，朝灯光走过去，等到走进灯光里的时候，小高才发现那个拿着手电筒走路的人，竟然是个双目失明、戴着墨镜的瞎子。

小高感到十分诧异，于是开口问瞎子道："你又看不见，手电筒对你而言一点用处也没有，为什么你还要带着手电筒呢？"

瞎子听了小高的话后，缓缓地叹了一口气说："你有所不知，这条路实在太黑了，别人常常看不到我，匆匆忙忙走过去，一不小心就把我给撞倒了，所以我只好拿着手电筒走路。虽然我看不到别人，但是别人可以看到我，就不会再把我撞倒了。"

英国剧作家萧伯纳曾说过："当问题发生时，人们往往归咎于环境，事实上，一个人应该努力适应四周的环境，如果无法适应，便要自己去创造环境。"

心灵感悟

同一件事情、同一样东西，因为情境不同、认知不同，就容易产生不同的解读。要寻找正确的认知，激励自己克服困难。

学会坚持与变通

有一则脑筋急转弯这么说："一个人要进屋子，但那扇门怎么拉也拉不开，为什么？"回答是：因为那扇门是要推开的。

生活中我们有时会犯一些诸如只知拉门进屋，不知推门的错误。其中的原因很简单，就是我们有时遇事爱钻牛角尖，不会变通。有时候，周围的环境变了，我们却不知变通，还在固执一端，钻牛角尖，认死理，结果却闹出笑话来。

《吕氏春秋》里记载：楚国有一个人搭船过江，一不小心，身上的剑掉进了河里。同船的人都劝他下水去捞，但他却不慌不忙，从身上拿出一把小刀，在剑落水的船边刻个记号。有人问："做什么用啊？"他回答说："我的剑就是从这个地方掉下去的。我作个记号，等会儿船靠岸时，我就从这个记号的地方下水去把剑找回来。"船靠岸时，他就这样去找剑，结果自然没有找到。

刻舟求剑，是一种刻板的、不知变通的思维方式。有时候我们的思想就像那把剑，环境的大船已经变了，而我们却还在那里原地不动；有时候我们也会刻舟求剑。

俗话说："变则通，通则久。"只要我们学会变通，许多事情都能变不可能为可能，都能变坏事为好事。

两个欧洲人到非洲去推销皮鞋。由于炎热，非洲人向来都是打赤脚。第一个推销员看到非洲人都打赤脚，立刻失望起来："这些人都打赤脚，怎么会要我的鞋呢？"于是，他便沮丧而回。另一个推销员看到非洲人都赤脚，惊喜万分："这些人都没有皮鞋穿，这皮鞋市场大得很呢！"于是，他想方设法引导非洲人购买皮鞋，最后他发大财而回。

第一个人不懂变通，一味钻牛角尖，总以为牛不喝水，便不能强按头。第二个人则不然，他会变通一下，给牛点盐吃，不也就能让它喝水了嘛！

关于皮鞋的由来，据说还有这样一个典故：早期没有鞋子穿，人们走在路上，都得忍受碎石硌脚的痛苦。某一个国家，有一个太监把国王的所有房间全铺上了牛皮，当国王踏在牛皮上时，感觉双脚非常舒服。

于是，国王下令全国各地的马路上，都必须铺上牛皮，好让国王走到哪里，都会感觉舒服。有一个大臣建议：不需要如此大费周折，只要用牛皮把国王的脚包起来，再拴上一条绳子就可以了。于是无论国王走到哪里，都感到舒服。

故事中的大臣是聪明的，他的变通，使舒服与节约两全其美。假如，我们在工作学习之余，能学会变通，随时调整自己的方向和步骤，便会有事半功倍的效果。

生活中，我们也应该学会变通，学会在山穷水尽的时候，

转换一下心情，说不定会"柳暗花明又一村"。变通能让我们少一些郁闷，多一些开心，少一些烦恼，多一些幸福。遇事不钻牛角尖，人也舒坦，心也舒坦。

心灵感悟

依据不同情况，作非原则性的变动；不拘泥成规。遇特殊情况，可以酌情变通处理。变通是一种随机应变的能力，是灵活驾驭生活的一种技能。学好这种技能，对克服生活中的困难有很大的好处。

144

不做自卑的仆人

俗话说：天下无人不自卑。无论圣人贤士，富豪王者，抑或贫农寒士，贩夫走卒，在孩提时代的潜意识里，都是充满自卑感的。但你若想成大事，就必须战胜自卑感。

产生自卑的原因有两种，一是孩提时代，都有自己是"弱小"的感受；二是社会对男女体格、品格有一种过于完美的追求倾向，使每一个男孩女孩都有一种自愧不如的自卑感觉。还有一些从现实生活中产生自卑的原因，如从小家境不好，教育不当，或是受压抑，身心不畅，或是受蒙昧，身心未得到开发等。总之他们很少有条件和机会培养自信心，以致后来在人生道路上遭受挫折和失败的打击时，感到自我的渺小和无奈，因而怀疑自己的力量，产生自卑感。

我们给"自卑感"所下的定义——一种阻碍自己成功的心理障碍。自卑感是无形的敌人，你必须设法战胜它，否则它所造成的危害和丧失信心、自我意识过强、不安、恐惧等种种并发症，都会为你带来不必要的困扰。

如何才能知道自己的信心是否坚定呢？当你做完以下的测验，马上就会知晓。

你是否会将过失转嫁别人？你是否常在家里、办公室里发脾气？在别人面前，你是否会十分在意他们的想法，甚至变得胆怯？你是否常在回忆光荣的过去？面对陌生人时，你是否会害羞？你是否会对陌生的事情感到害怕？你是否害怕失去工作？和上司交谈时，你是否感到局促不安？

以上问题的答案中只要有一处是肯定的，就表示你的自信正亮起黄灯。此时，你必须立即替自己谋求更高更坚强的自信。

曾经有一位推销员，他在开始从事推销工作之初，非常胆怯，虽然对方亲切地接待，但他总觉得站在人家面前自己变得很渺小。他透露当时的心情说："在那些人面前，我觉得自己好像是个小孩。由于自卑感作祟，演练多遍的推销词都变成了毫无章法的喃喃自语。坐在大人物面前，我只觉得自己不断地缩小，他们一个个都变成了可怕的巨人！"

"但这种现象我没让它持续下去，因为我惊觉到如果不想办法扭转这种局面，这种工作再干下去没什么意思。而且那时候我也快被自卑感逼至崩溃边缘，但我又一想，把大人物看成是穿开裆裤的小娃儿又会是什么情况？"

"从我开始有了这种想法起，便开始尝试，没想到效

果出奇的好。当然，他们并不是真正变成小孩子，只是在我眼里他们都成了十四五岁的毛头小伙子。不过，事情真的有所转变，他们都像朋友一般，说起话来非常自然。我也一样，自从能站在平等立场与他们交谈之后，我的心情就变得轻松自然多了。从此之后，我的观念就有了180度大转变，自卑感也不见了!"

自卑是自信的晴雨表，当你树立了自信之后，自卑也就自然而然地化为云彩。

心灵感悟

让自己怀有一种感觉，认为自己目前一点问题也没有，假设自己一直怀有这种感觉，在这种感觉下，你认为自己会做什么，就开怀去做吧。因为只有朝着光明的一面前进，才可能得到快乐、坚强和成就。如果你认为自己很有价值，并将这种想法付诸行动的话，你一定会对自己更具信心。

别放弃赢的努力

人生就像扑克牌比赛，并不是每个人都能够幸运地有一手好牌。然而，没有好牌，并不应该成为你输掉比赛的理由。并不是所有赢得比赛的人都有好牌。没有一副好牌，就要打好坏牌。

生活中，有很多事情是我们一出生就决定了的，很难再改变。比如我们的身高、容貌、家庭条件、嗓音，等等。也许上帝创造我们时并没有特别地厚待我们，但我们应该学会厚待自己。

奋斗路上，我们并不可能总是摸到一手好牌。但是没有一副好牌，就要打好手中的坏牌。无论牌是怎样的坏，都不应该放弃赢的努力。

日本"推销之神"原一平身高只有 145 厘米，是一个典型的矮个子，他曾为此懊恼，甚至绝望过。作为一名推销员，谁不希望自己有一副好的形象呢！那些身材魁梧的人，颜面漂亮的人，肯定在访问别人时容易取得对方的好感，而身材矮小，则往往不受重视，甚至遭人蔑视，在访问别人时容易吃亏。

但是，推销能否成功的关键并不在于一个人的外在形象，更关键的是引起对方的注意，抓住对方的心。想通了以后，原一平决定扬长避短，以表情取胜。独特的矮小身材，配上他刻意制造的表情，经常逗得客户哈哈大笑。再加上他善于琢磨人的心理，摸索出了许多与人打交道的技巧，因此很容易就能赢得客户的喜欢，成功地推销出去自己的产品。

尽管作为一名推销员，原一平本身的条件并不好，但他却凭借自己的努力，终于成为了推销领域的佼佼者。

通过原一平的故事我们可以看出：当你自身条件差时，不要自卑，更不要消沉；没有一副好牌可打时，打好坏牌，照样可以取得成功。

在这个世界上，有很多自身条件差的人，他们容易滋

迎难而上做了不起的自己

生消极自卑的情绪，认为那些成功者拥有的幸福，自己是不配得到的。他们总是抱怨自己的命运不好，不具备成功的条件。然而他们不知道，世间有多少原本能成就大事业的人，最终却浑浑噩噩、平平庸庸地度过了余生，就是因为他们没有远大的目标，不清楚自己的潜力，不知道如何去打好一副坏牌。

踏入职场后，你有时会发现，自己所进的公司与从事的工作比原来想象的要差得多，原本要打一副好牌的，没想到摆在面前的却是一副坏牌。这时候，人们往往产生跳槽的想法。实际上，与其跳槽，还不如留下来打好这副坏牌，这往往更能锻炼我们的能力，为将来成就一番事业打下扎实的基础。

心灵感悟

俗话说："人生无常。"世事变幻和情势改变，有可能使我们持有的一副好牌变成了坏牌，但这并不意味着我们必败无疑。只要我们拥有打好坏牌的决心和信心，就能突破重围，使任何问题迎刃而解，并最终获得成功。用坏牌打出来的成功，也将比用好牌赢得比赛来得更绚烂，让人更敬佩。

走出萎靡不振的状态

世间有一种最难治也是最普遍的毛病就是"萎靡不振"，"萎靡不振"往往使人完全陷于绝望的境地。

一个年轻人如果萎靡不振，那么他的行动必然缓慢，脸上必定毫无生气，做起事来也会弄得一塌糊涂、不可收拾。他的身体看上去就像没有骨头一样，浑身软弱无力，仿佛一碰就倒，整个人看起来总是糊里糊涂、呆头呆脑、无精打采。

年轻人一定要注意，千万不要与那些颓废不堪、没有志气的人来往。一个人一旦有了这种坏习气，即使后来幡然悔悟，他的生活和事业也必然要受到很大的打击。

迟疑不决、优柔寡断无论对成功还是对人格修养都有很大的伤害。优柔寡断的人一遇到问题往往东猜西想，左右思量，不到逼上梁山之日决不做出决定。久而久之，他就养成了遇事不能当机立断的习惯，他也不再相信自己。由于这一习惯，他原本所具有的各种能力也会跟着退化。

一个萎靡不振、没有主见的人，一遇到事情就习惯性的"先放在一边"，说起话来也是吞吞吐吐、毫无力量；更为可悲的是，他不大相信自己会做成好的事业。反之，那些意志坚强的人习惯"说干就干"，凡事都有他的定见，并且有很强的自信心，能坚持自己的意见和信仰。如果你遇见这种人，一定会感受到他精力的充沛、处事的果断、为人

迎难而上做了不起的自己

的勇敢。这种人认为自己是对的，就大声地说出来；遇到确信应该做的事，就尽力去做。

对于世界上的任何事业来说，不肯专心、没有决心、不愿吃苦，就决不会有成功的希望。获得成功的唯一道路就是下定决心、全力以赴地去做。遇到事情犹豫不决、优柔寡断，见人无精打采的人，从来无法给别人留下好的印象，也就无法获得别人的信任和帮助。只有那些精神振奋、踏实肯干、意志坚决、富有魄力的人，才能在他人心目中树立起信用。不能获得他人信任的人是无法成功的。

心灵感悟

以无精打采的精神、拖泥带水的做事方法、随随便便的态度去做事，不可能有成功的希望。只有那些意志坚定、勤勉努力、决策果断、做事敏捷、反应迅速的人，只有为人诚恳、充满热忱、血气如潮、富有思想的人，才能把自己的事业带入成功的轨道。